GAOJI DSP SHIJIAN JIAOCHENG

高级 DSP 实践教程

荀艳丽　王庭良　编

西北工业大学出版社

【内容简介】 本书是根据"高级 DSP 技术及应用"教学大纲要求编写的一本实验教学指导书。全书共 25 个实验,包括"高级 DSP 技术及应用"课程的主要实验内容及相关实验仪器的使用介绍。不同层次不同需要的学生可根据本专业教学要求进行选择,也可自行开发实验内容。本书内容丰富,概念清晰,指导性强,既便于教师组织教学,又利于学生自学。

本书可作为普通高校本科、成人高校本科的通信、电子、自动化、计算机应用等专业的实验教材,也可供相关学生和工程技术人员参考。

图书在版编目（CIP）数据

高级 DSP 实践教程/荀艳丽编. —西安:西北工业大学出版社,2017.2(2021.12 重印)
ISBN 978 - 7 - 5612 - 5238 - 3

Ⅰ.①…高 Ⅱ.①…荀 Ⅲ.①数字信号处理—教材 Ⅳ.①TN911.72

中国版本图书馆 CIP 数据核字（2017）第 036745 号

策划编辑:李 杰
责任编辑:李 杰

出版发行: 西北工业大学出版社
通信地址: 西安市友谊西路 127 号 邮编:710072
电 话: (029)88493844 88491757
网 址: www.nwpup.com
印 刷 者: 西安真色彩设计印务有限公司
开 本: 787 mm×1 092 mm 1/16
印 张: 9
字 数: 214 千字
版 次: 2017 年 2 月第 1 版 2021 年 12 月第 3 次印刷
定 价: 32.00 元

前　言

本书是根据"高级 DSP 技术及应用"教学大纲的要求,为了配合教学而编写的一本实验教学指导书。全书共 25 个实验,包括系统认识实验、使用 CCS 3.3 的简要说明、常用指令实验、数据存储实验、I/O 实验、定时器实验、INT2 中断实验、A/D 转换实验、D/A 转换实验、语音处理实验、键盘接口及七段数码管显示实验、LCD 实验、数字图像处理实验、数字波形产生、二维图形生成、BOOTLOADER 装载实验、快速傅里叶变换(FFT)算法实验、有限冲击响应滤波器(FIR)算法实验、无限冲击响应滤波器(IIR)算法实验、卷积(Convolve)算法实验、离散余弦变换(DCT)算法实验、相关(Correlation)算法实验、μ_LAW 算法、语音编码/解码(G711 编码/解码器)、A/D 采样 FFT 分析实验等。为了便于学习,书中专设系统认识实验,简要介绍本实验室所采用的实验设备——DSP 实验平台;书后设有附录,主要介绍测量设备 MOS-620 双踪示波器的使用。

作为高等工科院校电子信息类专业的重要技术基础课,"高级 DSP 技术及应用"具有很强的实用性和工程指导性,其相应的实验教学对于学生基础理论知识的掌握,基本实验技能、专业技术应用能力、职业素质的培养具有重要作用。为此,在"高级 DSP 技术实验室"建设和与之配套的《高级 DSP 技术实验指导书》的编写中,考虑了以下的原则和特点:

• 在实验项目的设计上,采用模块化结构,力求通过不同的实验,使学生掌握更多的嵌入式技术的相关概念。

• 在实验指导内容的编写上,力求做到原理讲述清楚、实验步骤详细,方便教师教学指导和学生自学使用。

• 实验内容力求有利于学生动手能力和实际技能的培养。本书不仅重视原理和理论,而且注重过程,重视实验方法、思路,重视 C 语言和汇编语言的混合编程技巧,重视芯片外围电路的设计,重视利用仿真器进行软、硬件的联合调试。

• 注重系统性和全面性,力求使学生对 DSP 技术有一个较为全面的认识,了解可编程器件在电子设计中的主导作用,掌握嵌入式开发的方法,为学习后续课程和从事实践技术工作有良好的指导作用。

• 各实验相互独立,不同层次、不同需要的学生可根据本专业教学要求自由选择,也可自行开发实验内容。

本书可作为本科、成人高校的通信、电子、信号检测、自动化、计算机应用等专业的实验教材,也可供相关专业学生和工程技术人员参考。

　　本书由荀艳丽、王庭良编写,在编写过程中得到了王维斌和焦库老师的帮助和指导,在此表示衷心感谢。

　　由于水平有限,疏漏之处在所难免,恳请读者批评指正。

编　者

2016 年 12 月

目　录

实验一 系统认识实验

一、实验目的

基本了解 EL–DSP–EXPⅢ实验平台。

二、实验要求

本次实验为认识性实验,是整个高级 DSP 实验的准备部分。要求认真阅读实验内容,初步了解实验系统的模块化分离式结构,掌握实验箱的基本连接关系和基本操作方法。爱护仪器,写出实验报告。

三、实验仪器设备

1. 计算机
2. CCS 3.3 版软件
3. DSP 510 仿真器
4. EXPⅢ型实验箱

四、实验内容及步骤

1. 系统概述

EL–DSP–EXPⅢ实验平台是一种综合的实验系统,采用模块化分离式结构,通过"E_LAB"和"TECH_V"扩展总线,可以扩展声、光、机、电等不同领域的控制对象。系统组成框图见图 1–1。

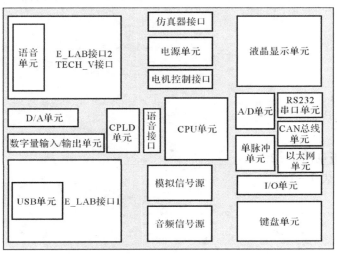

图 1–1

2.硬件组成

该实验系统有丰富的硬件资源,可以完成多种 DSP 基础实验,算法实验,控制对象实验和编、解码通信实验。其硬件资源主要包括:

- 一组 CPU 板接口;
- 两组 E_LAB 接口;
- 一组 TECH_V 接口;
- 一组语音接口;
- 语音处理单元;
- 一组仿真器接口;
- D/A 转换单元;
- 数字量输入输出单元;
- USB 单元;
- CPLD 逻辑单元;
- 直流电源单元;
- 模拟信号源;
- 音频信号源;
- 液晶显示单元;
- A/D 转换单元;
- 单脉冲单元;
- RS232 串口单元;
- CAN 总线单元;
- 以太网单元;
- I/O 单元;
- 键盘输入单元。

(1)CPU 板接口。

该接口用来驳接不同类型的 CPU 板,CPU 板主要由以下几个模块组成:

- CPU 模块;
- 时钟模块;
- 复位模块;
- 存储器模块;
- CPLD 模块;
- 扩展接口模块;
- 电源模块;
- 54X CPU 板见图 1-2。

各接口含义见表 1-1。

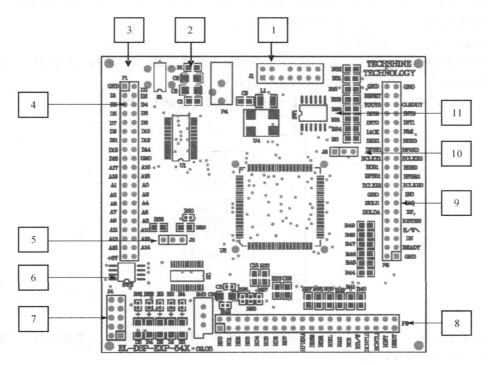

图 1-2

表 1-1

序 号	1	2	3	4	5	6
含 义	DSP JTAG 接口 J1	电源插口 P4	复位按钮 S1	扩展接口 P1	FLASH 写保护跳线 J3	拨码开关 SW2
序 号	7	8	9	10	11	
含 义	CPLD 下载口 J4	扩展接口 P3	扩展接口 P2	HPI 设置 J2	拨码开关 SW1	

J1:DSP JTAG 接口,符合 IEEE Standard 1149.1(JTAG)标准,引脚分配见图1-3(空脚是第 6 脚,方形焊盘是第 1 脚)。

```
TMS        1    2   TRST-
TDI        3    4   GND          Header Dimensions
PD(+5V)    5    6   no pin(key)  Pin-to-Pin spacing, 0.100 in.(X,Y)
TDO        7    8   GND          Pin width, 0.025-in, square post
TCK-RET    9   10   GND          Pin length, 0.235-in, nominal
TCK       11   12   GND
EMU0      13   14   EMU1
```

图 1-3

P4:电源插口,CPU 板单独使用时,从此接口给 CPU 板供电,+5 V,内正外负。CPU 板插在实验箱底板上时,不需要从 P4 电源插口供电。

S1:复位按钮,按下系统复位。

J3:FLASH 写保护跳线,选配置;1,2 短路,不允许擦除 FLASH;2,3 短路,允许擦除 FLASH(在配置 AM29LV320 FLASH 芯片时有效)。

J4:CPLD 下载口,引脚分配如图 1-4 所示(方形焊盘是第一脚)。

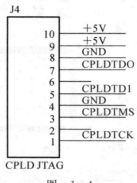

图 1-4

J2:HPI 设置 ,54X 的 HPI16 的设置;1,2 短接,HPI8 位模式;2,3 短接,HPI16 位模式(VC5409、VC5410 CPU 板有效)。

SW1:拨码开关,设置 CPU 的工作状态(见表 1-2)。

表 1-2

位 号	ON	OFF	缺省
1	HPIENA=0 不选择 HPI 模块功能	HPIENA=1 选择 HPI 模块功能	OFF
2	CLKMD3=0	CLKMD3=1	5402/5409/5416 ON 5410 OFF
3	CLKMD2=0	CLKMD2=1	5402/5409/5416 OFF 5410 ON
4	CLKMD1=0	CLKMD1=1	OFF
5	MP/MC=0 DSP 工作微计算机方式	MP/MC=1 DSP 工作微处理器方式	OFF
6	CPUCS=0 CPU 板为 54X 系列	CPUCS=1 CPU 板为 2X 系列	ON

SW2:拨码开关,设置 CPLD 的工作状态(见表 1-3)。

表 1-3

1 位	2 位	3 位	FLASH 的工作状态	4 位	LED 灯 D5 的工作状态
ON	ON	ON	数据空间 0~FFFF 64KX16	ON	灭
OFF	ON	ON	程序空间 0~FFFFF 1MX16	OFF	亮
X	X	X	不使能		

P1:CPU 数据地址总线扩展接口(管脚定义见表 1-4)。

表 1-4

P1 管脚	对应 54X 管脚	备 注
1	GND	地
2	D0	数据线 0
3	D1	数据线 1
4	D2	数据线 2
5	D3	数据线 3
6	D4	数据线 4
7	D5	数据线 5
8	D6	数据线 6
9	D7	数据线 7
10	D8	数据线 8
11	D9	数据线 9
12	D10	数据线 10
13	D11	数据线 11
14	D12	数据线 12
15	D13	数据线 13
16	D14	数据线 14
17	D15	数据线 15
18	GND	地
19	A17	地址线 17
20	A16	地址线 16
21	A19	地址线 19
22	A18	地址线 18
23	A1	地址线 1

续 表

P1 管脚	对应 54X 管脚	备　注
24	A0	地址线 0
25	A3	地址线 3
26	A2	地址线 2
27	A5	地址线 5
28	A4	地址线 4
29	A7	地址线 7
30	A6	地址线 6
31	A9	地址线 9
32	A8	地址线 8
33	A11	地址线 11
34	A10	地址线 10
35	A13	地址线 13
36	A12	地址线 12
37	A15	地址线 15
38	A14	地址线 14
39	＋5V	电源
40	＋5V	电源

P2:CPU 外设总线扩展接口(管脚定义见表 1-5)。

表　1-5

P2 管脚	对应 54X 管脚	备　注
1	GND	地
2	GND	地
3	READY	准备好信号
4	PS	程序空间片选信号
5	DS	数据空间片选信号
6	IS	I/O 空间片选信号
7	R/W	读写信号
8	MSTRB	存储器空间选择信号
9	IOSTRB	I/O 空间选择信号
10	MSC	微状态完成信号
11	XF	I/O 输出信号

续 表

P2 管脚	对应 54X 管脚	备 注
12	HOLDA	总线保持响应信号
13	IAQ	指令地址采集信号
14	HOLD	总线保持信号
15	BIO	I/O 输入信号
16	GND	地
17	CLKRO	MCBSP0 输入位时钟
18	CLKR1	MCBSP1 输入位时钟
19	FSR0	MCBSP0 输入帧时钟
20	FSR1	MCBSP1 输入帧时钟
21	DR0	MCBSP0 输入数据
22	DR1	MCBSP1 输入数据
23	CLKXO	MCBSP0 输出帧时钟
24	CLKX1	MCBSP1 输出帧时钟
25	FSX0	MCBSP0 输出帧时钟
26	FSX1	MCBSP1 输出帧时钟
27	DX0	MCBSP0 输出数据
28	DX1	MCBSP1 输出数据
29	NMI	不可屏蔽中断信号
30	IACK	中断响应信号
31	INT1	外部中断 1
32	INT0	外部中断 0
33	INT3	外部中断 3
34	INT2	外部中断 2
35	CLKOUT	CPU 时钟输出
36	TOUT0	定时器 0 输出
37	NC	空脚
38	RESET	复位信号
39	GND	地
40	GND	地

P3:HPI 总线扩展接口(管脚定义见表 1 - 6)。

表 1-6

P3 管脚	对应 54X 管脚	备注
1	HD0	HPI 数据线 0
2	GND	地
3	HD1	HPI 数据线 1
4	GND	地
5	HD2	HPI 数据线 2
6	A21	地址线 21
7	HD3	HPI 数据线 3
8	A22	地址线 22
9	HD4	HPI 数据线 4
10	A20	地址线 20
11	HD5	HPI 数据线 5
12	NC	空脚
13	HD6	HPI 数据线 6
14	NC	空脚
15	HD7	HPI 数据线 7
16	CPUCS	CPU 种类指示信号
17	NC	空脚
18	NC	空脚
19	HPIENA	HPI 使能信号
20	NC	空脚
21	HDS2	HPI 数据选通信号 2
22	DR2	MCBSP2 输入数据
23	HDS1	HPI 数据选通信号 1
24	FSR2	MCBSP2 输入帧时钟
25	HBIL	HPI 字节指示信号
26	CLKR2	MCBSP2 输入位时钟
27	HAS	HPI 地址选通信号
28	CLKX2	MCBSP2 输出位时钟
29	HCS	HPI 片选信号
30	FSX2	MCBSP2 输出帧时钟
31	HR/W	HPI 读写信号

续 表

P3 管脚	对应 54X 管脚	备　注
32	DX2	MCBSP2 输出数据
33	HCNTL0	HPI 控制信号 0
34	GND	地
35	HCNTL1	HPI 控制信号 1
36	GND	地
37	HINT	HPI 中断信号
38	+3.3 V	电源
39	HRDY	HPI 准备好信号
40	+3.3 V	电源

LED 指示灯见表 1-7。

表 　 1-7

D_1	D_2	D_3	D_4	D_5
+5V	+3.3 V	DSP 核电压	复位 信号	CPLD 测试

由于 DSP 采用 3.3 V 和 1.8 V 供电,而且其输入/输出接口电平为 3.3 V,对于数字量输出而言完全可以和 5 V TTL 电平兼容。但对于数字量输入而言,由于其内部是 3.3 V,因此不能将中央处理器的输出口直接和外围扩展的 5 V 器件相连。通过 LVTH16245 和 LVTH16244 进行电平转换和驱动。

CPU 板标准配置扩展 FLASH 1M X 16BIT,用户可以选配扩展 FLASH 2M X 16BIT 或不扩展 FLASH 的 CPU 板。

(2)E_LAB 总线接口。

接口信号定义见图 1-5。

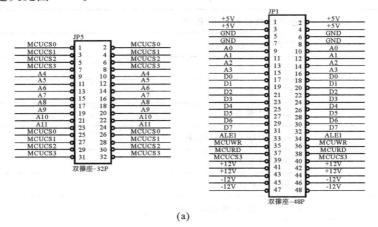

(a)

图 1-5

(a)E_LAB 接口 1

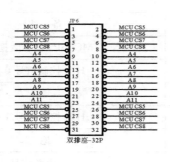
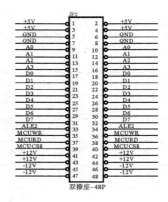

(b)

续图 1-5

(b)E_LAB 接口 2

E_LAB 信号中 A 代表地址线，D 代表数据线，MCURD/MCUWR 代表读写信号，MCUCS 代表片选信号。

E_LAB 接口 1 的资源分配如下：

MCUCS0 分配空间为 I/O 空间的：3000h—3fffh 共 4KB；

MCUCS1 分配空间为 I/O 空间的：4000h—4fffh 共 4KB；

MCUCS2 分配空间为 I/O 空间的：5000h—5fffh 共 4KB；

MCUCS3 分配空间为 I/O 空间的：6000h—6fffh 共 4KB。

E_LAB 接口 2 的资源分配如下：

mcucs5 分配空间为 I/O 空间的：7000h—7fffh 共 4KB；

mcucs6 分配空间为 I/O 空间的：a000h—afffh 共 4KB；

mcucs7 分配空间为 I/O 空间的：b000h—bfffh 共 4KB；

mcucs8 分配空间为 I/O 空间的：c000h—cfffh 共 4KB。

DSP 实验室应备有大量的 E_LAB 接口模块，基本清单见表 1-8(40 种)。

表 1-8

定时器及并行 I/O 扩展
8251/8255 扩展
8259/8279 扩展
RS232 模块
RS485M 模块
8 入 8 出增益可调模块
点阵式 LED
点阵式 LCD
12 入 12 出光耦隔离模块
继电器模块

续 表

8 个 LED7 段数码管及 4×4 键盘
LED/电平输入/输出
V/F,F/V 转换模块
三相步进电机模块
GPS 模块
GSM/GPRS 模块
微型打印机模块
4 位半斜率积分 A/D
7279 键盘控制模块
7279 及串行 I/O 扩展
8 路并行 A/D,D/A
PWM 模块
USB 模块
两相步进电机模块
温度控制模块
以太网模块
直流调压调速电机模块
非接触式 IC 卡及驱动
接触式 IC 卡
CAN 模块
无线收/发模块
CPLD 模块
MODEM 模块
12 位并行 A/D,D/A
12 位串行 A/D,D/A
热敏电阻、温度开关、数字温度传感器模块
红外传感模块
可燃气体、霍尔电流传感器模块
热敏电阻、温度开关、数字温度传感器模块
热电偶、半导体传感器模块

(3)TECH_V 总线接口。

TECH_V 总线接口是和 TI 公司 DSK 兼容的信号扩展接口,可连接图像处理、高速A/D、

D/A、USB、以太网等扩展板,也可以连接 TI 公司的标准 DSK 扩展信号板。此实验箱的 TECH_V 总线接口信号定义见图 1-6。

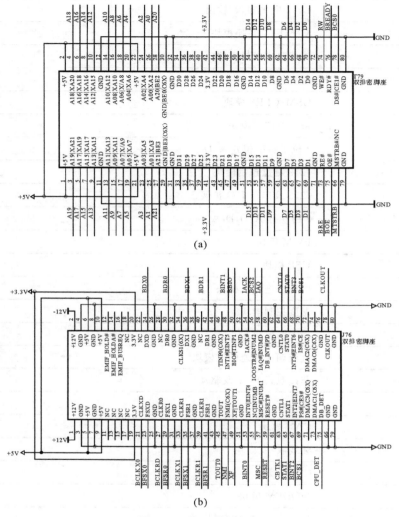

图 1-6 接口信号定义

TECH_V 接口的资源分配如下:

bcs0 分配空间为 I/O 空间的:0000h—0fffh 共 4KB;

bcs1 分配空间为 I/O 空间的:1000h—1fffh 共 4KB;

bcs1 分配空间为 I/O 空间的:2000h—2fffh 共 4KB;

bcs3 分配空间为 DATA 空间的:e000h—ffffh 共 8KB。

注意:只有当子板检测信号引脚"cpu_det"为低电平时上述分配才起作用,否则上述分配无效。

(4)语音接口与处理单元。

语音编解码器(Codec)采用扩展板的形式通过语音接口与主板相连,以便开发不同接口

Codec 的语音板。

标配的语音扩展板 Codec 芯片采用 TLV320 AIC23(以下简称 AIC23),AIC23 是 TI 推出的一款高性能的立体声音频 Codec 芯片,内置耳机输出放大器,支持 MIC 和 LINE IN 两种输入方式(二选一),且对输入和输出都具有可编程增益调节。AIC23 的模/数转换(A/D)和数/模转换(D/A)部件高度集成在芯片内部,采用了先进的 Sigma - delta 过采样技术,可以在 8 kHz 到 96 kHz 的频率范围内提供 16 bit,20 bit,24 bit 和 32 bit 的采样,A/C 和 D/C 的输出信噪比分别可以达到 90 dB 和 100 dB。与此同时,AIC23 还具有很低的能耗,回放模式下功率仅为 23 mW,省电模式下更是小于 15 μW。

语音处理单元由语音输入接口、输出功率模块组成(见图 1-7)。语音输入接口提供线性和麦克风输入,输入信号由 AIC23 进行 A/D 变换,由 DSP 采集、处理 A/D 变换后的数据,然后将处理后的数据送 AIC23 进行 D/A 变换。D/A 变换后的信号经过功率放大送板载扬声器或耳机接口。

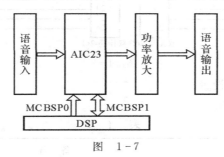

图　1-7

在实验箱底板的中部(语音接口的上面)有两个电位器和 4 个 2 号孔,其中"左路输入、右路输入"两个 2 号孔与"语音单元"的线性输入接口相连,提供外部到"语音接口"的输入通道。"左路输出、右路输出"两个 2 号孔是板上功放单元的输入接口,这样用户可以"从语音接口"或者"左路输出、右路输出"两个 2 号孔输入信号到功放单元。两个电位器"左声道调节、右声道调节"可以调节输入功放的信号的大小,从而调节功放的输出。其原理见图 1-8。

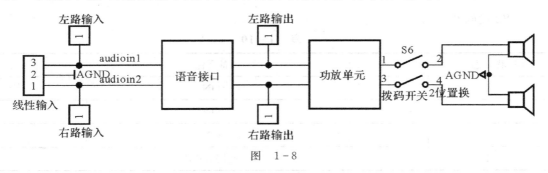

图　1-8

语音接口的信号定义见图 1-9。

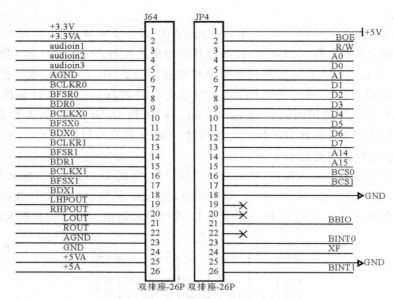

图 1-9

语音扩展板拨码开关的设置。

SW1 拨码开关见表 1-9。

表 1-9

状 态	备 注
1	ON,MODE=1 SPI 模式、用 SPI 模式配置 AIC23
2	OFF
3	ON
4	ON

SW2 拨码开关见表 1-10。

表 1-10

状 态	备 注
1	ON
2	ON
3	ON
4	空脚,OFF

注:当不使用语音扩展板,MCBSP0、MCBSP1 信号扩展到 Techv 总线时,除 SW1 的 1 位外,SW1,SW2 的所有位都置为 OFF。

(5)仿真器接口。

板载仿真器接口符合 IEEE Standard 1149.1(JTAG)标准,引脚分配见图 1-10。

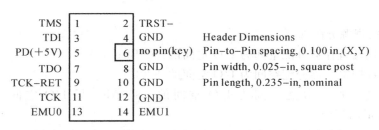

图　1-10

（6）D/A 转换单元。

D/A 转换芯片采用 Analog Devices 公司的 AD7303。该芯片是单极性、双通道、串行、8 位 D/A 转换器，操作串行时钟最快可达 30 M，D/A 转换时间 1.2 μs，采用 SPI 串行接口和 DSP 连接。D/A 输出通过放大电路，可以得到 0～5 V 的输出范围。D/A 输出接口在"CPLD 单元"的左上角，两个 2 号孔"D/A 输出 1、D/A 输出 2"分别对应 AD7303 的"OUTA， OUTB"。

AD7303 与 DSP 的连接电路见图 1-11。

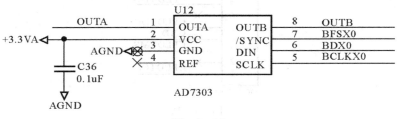

图　1-11

注意：电位器 R86、R85 是调节 D/A 输出的电压放大倍数的，出厂时已设置好，用户不需调节（R86 调节 OUTA、2 号孔"输出 2"，R85 调节 OUTB、2 号孔"输出 1"）。

（7）数字量输入/输出单元。

8 位的数字量输入由八拨码开关产生，当拨码开关打到靠近 LED 时为低，相反为高。8 位的数字量输出（通过 8 个 LED 灯显示）当对应 LED 点亮时说明输出为低，熄灭时为高。8 个 LED 数码管，通过 HD7279 控制。

数字量输入/输出单元的资源分配如下：

数字量输入分配空间为 I/O 空间的：8000h（低 8 位，只读）；

数字量输出分配空间为 I/O 空间的：8001h（低 8 位，只写）。

（8）USB 单元。

USB 接口芯片采用 CYPRESS 公司的 SL811HS。其既能用作 Host 模式又能用作 Slave 模式的具有标准微处理器总线接口 USB 控制芯片（1.1 标准），而且适合于非 PC 设备。在 Host 模式下，它支持嵌入式主机与 USB 外围设备的通信，在 Slave 模式下，它可以作为主机的一个外设。

芯片的工作模式和速度由 USB 单元的拨码开关 SW3 选择。USB 的主机接口和从机接口均采用 B 型接口。符合 USB 1.1 规范，支持全速（12 Mb/s）和低速（1.5 Mb/s）两种传输速率。

USB 单元的资源分配如下：

SL811HS 地址寄存器分配空间为 I/O 空间的：800Bh；

SL811HS 数据寄存器分配空间为 I/O 空间的：800Ch。

SL811HS 复位控制分配空间为 I/O 空间的：800Ah（写 I/O 空间 800Ah 时复位 SL811HS，读时退出复位）。

SL811HS 主、从控制分配空间为 I/O 空间的：800Eh（写 I/O 空间 800Eh 时 SL811HS 为从模式，读时为主模式）。

（9）CPLD 逻辑单元。

该单元主要完成资源分配、译码工作。芯片采用 XILINX 的 XC95144LX。该单元主要完成资源分配、译码工作。芯片采用 XILINX 公司的 XC95144XL。开发环境为 webpack 5.1。CPLD 编程接口定义见图 1－12（靠近缺口一排最右边是第一脚）。

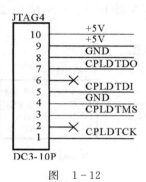

JTAG4	
10	+5V
9	+5V
8	GND
7	CPLDTDO
6	✕ CPLDTDI
5	GND
4	CPLDTMS
3	
2	✕ CPLDTCK
1	

DC3-10P

图　1－12

该单元的拨码开关为 SW2，输出 2 号孔，LED 指示灯 D1，D2，D3 的功能都可以由用户重新编程设定。

1）预设功能。

拨码开关的 1～4 位分别对应 int0～int3，每位开关处于 OFF 位置时使用 CPLD 分配的中断，开关处于 ON 位置时 CPLD 分配中断失效，由"电机控制单元"对应的 2 号孔输入相应中断信号。CPLD 分配的中断如下：

以太网中断分配到 CPU 板的 int0（C5000）对应 C2000 的 xint1；

A/D 转换中断分配到 CPU 板的 int1（C5000）对应 C2000 的 pdpinta；

USB 中断分配到 CPU 板的 int2（C5000）对应 C2000 的 xint2；

键盘中断分配到 CPU 板的 int3（C5000）对应 C2000 的 pdpintb。

2）预设的 LED 功能。

D1 为 CPU 复位指示，灭时表示复位。

D2 为输出单脉冲指示，灭时表示低电平。

D3 为"xf 引脚"电平指示，灭时高电平，亮时低电平。

预设的 2 号孔输出分别为

时钟 1：　　　1.5MHz；

时钟 2：　　　100Hz；

单脉冲输出:低电平有效,脉宽 10ms。

3)CPLD 引脚定义。

usbirq PIN 2；

usbres PIN 3；

usbms PIN 4；

usbcs PIN 5；

bwr PIN 6；

cs7279 PIN 7；

clk7279 PIN 9；

data7279 PIN 10；

key7279 PIN 11；

irq PIN 12；

mcuwr PIN 16；

mcurd PIN 17；

pulse_out PIN 21；

cs PIN 24；

res PIN 25；

mcucs2 PIN 26；

mcucs1 PIN 27；

mcucs0 PIN 28；

xpwm9 PIN 30；

xpwm8 PIN 31；

xpwm7 PIN 33；

cio8 PIN 34；

cio7 PIN 35；

crystal PIN 38；

cio6 PIN 39；

cio5 PIN 40；

cio4 PIN 41；

cio3 PIN 43；

cio2 PIN 44；

cio1 PIN 45；

pulse_in PIN 46；

cpu_cs PIN 48；

xcanrx PIN 49；

canrx PIN 50；

ds PIN 52；

ios PIN 53；

sw4 PIN 54；

sw3 PIN 56；

sw2 PIN 57；

sw1 PIN 58；

led1 PIN 59；

led2 PIN 60；

led3 PIN 61；

mstrb PIN 64；

iostrb PIN 66；

xiopf6 PIN 70；

lcdcs PIN 74；

lcdrw PIN 75；

adrd PIN 76；

adcon PIN 77；

adcs PIN 78；

eoc PIN 80；

a2 PIN 81；

a3 PIN 83；

lcde PIN 85；

lcdrs PIN 86；

boe PIN 87；

a0 PIN 91；

a1 PIN 92；

d0 PIN 93；

d2 PIN 94；

d1 PIN 95；

d4 PIN 96；

d3 PIN 97；

d6 PIN 98；

d5 PIN 100；

a14 PIN 101；

d7 PIN 102；

a15 PIN 103；

bclkr1 PIN 104；

bclkx1 PIN 105；

bfsx1 PIN 106；

bcs0 PIN 110；

rnw PIN 112；

mcucs5 PIN 113；

mcucs6 PIN 115；

mcucs7 PIN 116；

mcucs8 PIN 117；

bint1 PIN 119；

xf PIN 120；

bint0 PIN 121；

bcs2 PIN 124；

reset PIN 125；

bint3 PIN 129；

bint2 PIN 130；

bcs3 PIN 131；

bcs1 PIN 132；

cpu_det PIN 133；

a13 PIN 134；

a12 PIN 135；

mcucs3 PIN 136；

iooutres PIN 138；

ioincs PIN 139；

iooutcs PIN 140；

clkout2 PIN 142；

clkout1 PIN 143。

(10)直流电源单元。

该单元提供板上所需的 ± 12 V($\pm 1\%$),$+5$ V($\pm 1\%$),$+3.3$ V($\pm 1\%$,$0 \leqslant I_{OUT} \leqslant$ 800 mA)直流电,保险规格为 3 A/250 V。此外,还提供了 2 号孔和一个四针插座,方便用户为板卡以及外设供电。

(11)模拟信号源。

此单元可产生频率、幅值可调的双路三角波、方波和正弦波。产生电路采用两片 8038 信号发生器,输出频率范围 100～120 kHz,幅值范围为－5～＋5 V。输出波形、频率范围可通过波段开关来选择。频率、幅值可独立调节。两路输出信号可以经过加法器进行混叠,作为信号滤波处理的混叠信号源。混叠后的信号从信号源 1 输出。信号源原理图见图 1－13。

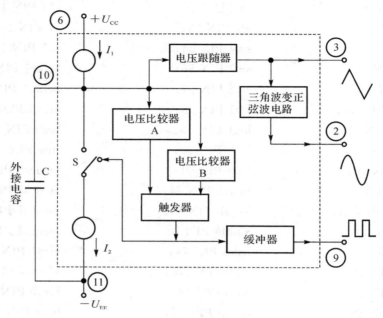

图 1－13

(12)音频信号源。

此单元采用 Winbond 公司 ISD2560 是 ISD 系列单片语音录放集成电路的一种。这是一种永久记忆型语音录放电路,录音时间为 60 s,可重复录放 $10×10^4$ 次。该芯片采用多电平直接模拟量存储专利技术,每个采样值可直接存储在片内单个 EEPROM 单元中,因此能够非常真实、自然地再现语音、音乐、音调和效果声,从而避免了一般固体录音电路因量化和压缩造成的量化噪声和"金属声"。该器件的采样频率为 8.0 kHz,内部包括前置放大器、内部时钟、定时器、采样时钟、滤波器、自动增益控制、逻辑控制、模拟收发器、解码器和 480 KB 字节的EEPROM。ISD2560 内部 EEPROM 存储单元均匀分为 600 行,有 600 个地址单元,每个地址单元指向其中一行,每一个地址单元的地址分辨率为 100 ms。此外,ISD2560 还具备微控制器所需的控制接口。通过操纵地址和控制线可完成不同的任务,以实现复杂的信息处理功能,如信息的组合、连接、设定固定的信息段和信息管理等。ISD2560 可不分段,也可按最小段长为单位来任意组合分段。

1)录音操作流程。

将麦克风插入"E_lab 模块 2"的"录音麦克输入"端(注意:不是语音单元的"麦克输入"),将"音频信号源"的"S202"拨码开关拨到"运行"位置,"S201"拨到"录音"位置,然后按下"S200"录音开始,录音过程中"运行"指示灯"LED15"点亮。录音过程中可以按下"S200"暂停录音,再次按下时又接着录音。这样就能实现分段录音。录音长度最大为 60 s,录满或者停止录音时"运行"指示灯熄灭。

2)播放操作流程。

将"音频信号源"的"S202"拨码开关拨到"运行"位置,"S201"拨到"播放"位置,然后按下"S200"播放开始,播放过程中"运行"指示灯"LED15"点亮,停止播放时熄灭。播放过程中可以按下"S200"暂停播放,再次按下时又接着播放。播放时输出的语音信号通过"音频信号源"的"音频输出"2号孔输出,用户可以将此信号输入到功放单元的输入2号孔"左路输出、右路输出",通过板载扬声器监听,也可以输入到语音板的信号输入2号孔"左路输入、左路输出",通过语音板采集。

"S202"拨码开关拨到"复位"位置时,芯片处于复位状态,不能录放。

(13)液晶显示单元。

本实验系统选用中文液晶显示模块 LCM12864ZK,其字型 ROM 内含 8 192 个 16×16 点中文字型和 128 个 16×8 半宽的字母符号字型;另外,绘图显示画面提供一个 64×256 点的绘图显示区域 GDRAM;而且内含 CGRAM 提供 4 组软件可编程的 16×16 点阵造字功能。电源操作范围宽(2.7~5.5 V);低功耗设计可满足产品的省电要求。同时,与 CPU 等微控器的接口界面灵活(三种模式并行 8 位/4 位串行 3 线/2 线);LCD 数据接口基本上分为串行接口和并行接口两种形式,本实验采用并行 8 位接口方式,用户根据需要改变跳线 J65 改用串行接口方式。

液晶显示单元的资源分配如下:

液晶的指令寄存器分配空间为 I/O 空间的:8002h;

液晶的数据寄存器分配空间为 I/O 空间的:8003h。

详细使用方式见样例程序。

(14)A/D 转换单元。

模/数转换芯片选用 AD7822,单极性输入,采样分辨率 8bit,并行输出;内含取样保持电路,以及可选择使用内部或外部参考电压源,具有转换后自动 Power-Down 的模式,电流消耗可降低至 5 μA 以下。转换时间最大为 420 ns,SNR 可达 48 dB,INL 及 DNL 都在 $\pm$0.75 LSB 以内,可应用在数据采样、DSP 系统及移动通信等场合。在本实验系统中,参考电压源 $+2.5$ V,偏置电压输入引脚 $V_{mid}=+2.5$ V。模拟输入信号经过运放处理后输入 AD7822,输入电压范围 -12~$+12$ V(见表 1-11)。

表 1-11

V_{in}	D7~D0
$V_{ref}/2$	00000000
V_{ref}	10000000
$(V_{ref}+V_{ref})/2$	11111111

AD7822 分配空间为 I/O 空间的:8008h(只能进行读操作)。

注意:电位器 R33,R34 是调节 A/D 输入的电压增益倍数的,出厂时已设置好,用户不需调节(R33 调节 AIN4 输入,R34 调节 AIN5 输入)。电位器 R32 是调节 A/D 的参考电压的,出厂时已设置好,用户不需调节。

(15)单脉冲单元。

该单元由 555 定时器组成单稳态触发电路,由按键 S5 控制,每按一次,产生一个低电平有效的单脉冲,脉冲宽度约 10 ms。此脉冲经过 CPLD 整形,从 CPLD 逻辑单元的"单脉冲输出"2 号孔输出。

(16)RS232 串口单元。

该单元只有使用 C2000 系列的 CPU 板时使用,C2000 系列 DSP 的标准 RS232 串行口经过电压转换芯片 MAX3232 与外部 RS232 串行口连接。串行接口 J66 引脚定义见图 1-14。

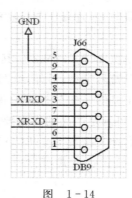

图　1-14

RS232 串行口单元的 LED D36 用来指示串口数据接收,D37 用来指示数据发送。

(17)以太网单元。

以太网控制器采用台湾 Realtek 公司生产的 RTL8019AS。其主要性能如下:

1)符合 Ethernet Ⅱ 与 IEEE 802.3(10Base5,10Base2,10BaseT)标准。

2)全双工,收、发可同时达到 10 Mb/s 的速率。

3)内置 16KB 的 SRAM,用于收、发缓冲,降低对主处理器的速度要求。

4)支持 8/16 位数据总线,8 个中断申请线以及 16 个 I/O 基地址选择。

5)支持 UTP,AUI,BNC 自动检测,还支持对 10BaseT 拓扑结构的自动极性修正。

6)允许 4 个诊断 LED 引脚可编程输出。

7)100 脚的 PQFP 封装,缩小了 PCB 尺寸。

总线宽度可以通过"E_lab 模块 1"单元的拨码开关"SW1"来选择。以太网单元的 3 个 LED 预设为 D40:错误指示(发生错误时亮);D41:接收指示(常亮,接收数据时闪烁);D42:发送指示(常亮,发送数据时闪烁)。以太网与外部接口采用标准 RJ45 接头。

分配给以太网的资源:

RTL8019AS 分配空间为 I/O 空间的:9000h~9FFFFh;

RTL8019AS 复位控制分配空间为 I/O 空间的:800Dh(写 I/O 空间 800Dh 时复位 RTL8019AS,读 I/O 空间 800Dh 时退出复位)。

(18)I/O 单元。

此单元是用 CPLD 模拟的 8 位 I/O 口,输入电压范围是 0~5 V,输出电压范围是 0~3.3 V。

I/O 单元的资源分配如下：

I/O 口的地址是 800fh(低 8 位)。

注意：上电后 I/O 口电平为不确定状态，需在程序中初始化才能使其初始状态确定。

(19)键盘接口单元。

键盘接口是由芯片 HD7279 控制的，HD7279 是一片具有串行接口的，可同时驱动 8 位共阴式数码管(或 64 只独立 LED)的智能显示驱动芯片，该芯片同时还可连接多达 64 键的键盘矩阵，单片即可完成 LED 显示、键盘接口的全部功能。HD7279A 内部含有译码器，可直接接收 BCD 码或 16 进制码，并同时具有 2 种译码方式。此外，还具有多种控制指令，如消隐、闪烁、左移、右移、段寻址等。HD7279A 具有片选信号，可方便地实现多于 8 位的显示或多于 64 键的键盘接口。在该实验系统中，仅提供了 16 个键。

键值表见图 1-15。

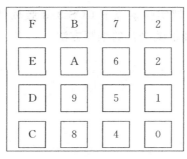

图　1-15

本实验介绍了该系统的硬件资源，看完本实验内容，应该对实验系统有一个基本的了解，后面将会结合实验，详细介绍每个单元在实验中的具体应用。

注意：底板上的所有数字地(GND)与模拟地(AGND)都已各自连接，且一点互连。用户如需使用板上的模拟信号源、音频信号源以及输入、输出语音信号时都需要通过"模拟信号源"单元的 2 号孔"模拟地"与底板共地；同样，使用板上电源以及数字信号资源时要通过"电源单元"的 2 号孔"GND"与底板共地。

实验二　使用 CCS 3.3 的简要说明

一、实验目的

了解 CCS 集成开发环境和在一个开发环境下完成工程定义、程序编辑、编译链接、调试和数据分析等工作环节。

二、实验要求

认真阅读实验内容,初步了解实验系统下 CCS 3.3 版软件的安装和使用方法,掌握调试 DSP 程序的步骤,熟悉 C 语言和汇编语言的编写方法。

三、实验仪器设备

1. 计算机
2. CCS 3.3 版软件

四、实验内容及步骤

1. CCS 3.3 软件的安装

(1)CCS 3.3 软件安装的的默认路径是 C:\CCStudio_v3.3。安装 CCS 3.3。

(2)安装 CCS 3.3 开发系统驱动目录下面的 anghaiver33setup. exe,等待安装结束。

(3)如果 CCS 3.3 软件没有安装到系统默认的路径下面,同样双击"CCS 3.3 开发系统驱动"目录中的"anghaiver33setup. exe"文件,此时注意指定 CCS 3.3 软件安装路径为 C:\CCStudio_v3.3,等待安装结束。

(4)安装 USB 接口驱动。

(5)首先用配套的 USB 将仿真器和 PC 连接到一起,注意插到 USB 2.0 接口上面,此时 PC 会提示找到新硬件,见图 2-1。

图 2-1

选择"从列表或指定位置安装",点击"下一步"。

(6)如图 2-2 所示,输入 USB 驱动所在位置,默认安装路径"C:\CCStudio_v3.3\anghai\inf",点"下一步"安装结束。

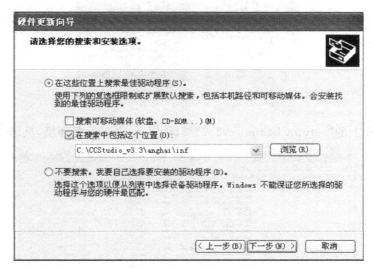

图 2-2

(7)仿真器驱动安装好,可以在"设备管理器"里面查看(见图 2-3)。

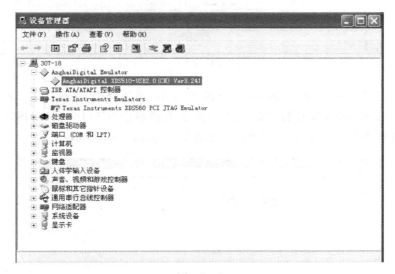

图 2-3

2.设置 XDS510 VER 3.3 USB 2.0 仿真器驱动

安装好的 CCS 3.3 在桌面上有两个图标(见图 2-4),分别为 CCS 开发环境和 CCS 设置环境。

图　2－4

(1)双击桌面上的"setup CCStudio v3.3"图标,进入 CCS 设置环境,见图 2－5。

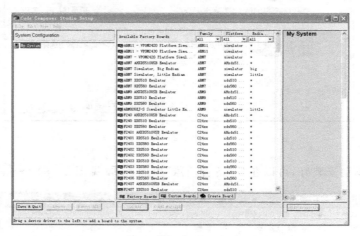

图　2－5

(2)在 AVailable Factory Boards 部分的 Family 列选择"C54xx",在 Platform 列选择 "AHxds510usb Emulator",根据实验箱的芯片来选择驱动"C5416 AHXDS510USB Emulator",在对应的驱动上面双击,即可加载上,如图 2－6 和图 2－7 所示。

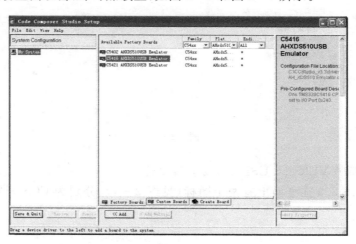

图　2－6

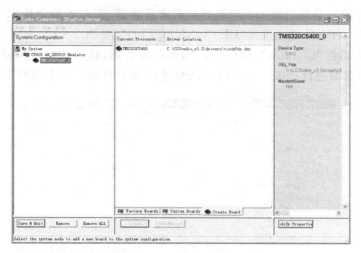

图 2-7

（3）点击左下角的 SAVE & QUIT，弹出询问对话框 Start Code Composer Studio on Exit？如图 2-8 所示，选择"是"，进入 CCS 开发环境，如图 2-9 所示。

图 2-8

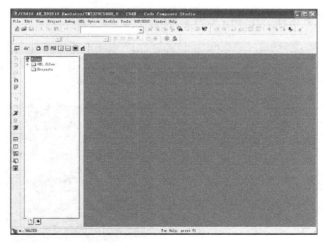

图 2-9

（4）进行上面步骤以后就可以顺利连接目标板，进入 CCS 开发环境。

（5）如果没有能够正确进入 CCS 开发环境，请检查 USB 电缆是否连接正常，驱动设置是否正确，DSP 板是否上电，DSP 是否工作正常，然后再试。

（6）CCS 软件刚启动的时候如果没有目标板进行连接，在左下角会提示"The target is no longer connected"，右下角的连接是"DISCONNECTED"，见图 2 - 10，表明仿真器没连接上，在"Debug"菜单中选择"Connect"，软件连接到硬件仿真器，软件的左下角显示"Connect"，则可以将 DSP 与仿真器进行连接。之后就可以通过 CCS 软件将程序下载到 DSP 中运行。

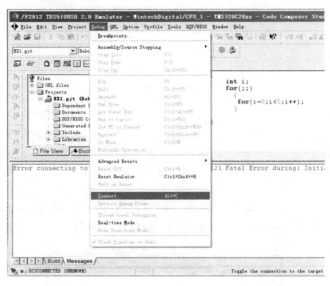

图　2 - 10

（7）前面已经设置好仿真器和驱动了，如果后面使用该仿真器来连接 DSP 板卡来进入 CCS 软件，则无须再点击桌面上面的"setup CCStudio v3.3"进行驱动设置了，只需点击桌面上的"CCStudio_v3.3"图标即可进入 CCS 开发环境。

3. 打开工程

在菜单"Project"中选择"Open"，见图 2 - 11。

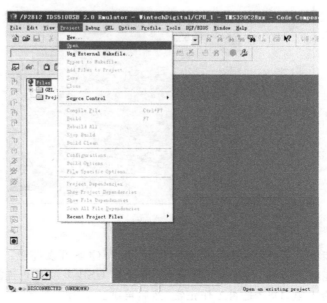

图　2 - 11

在弹出的对话框中选择扩展名为.pjt 的项目工程文件。点击"打开",项目文件全部加载到软件中。

如图 2-12 所示,在开发环境左侧显示打开的工程文件。

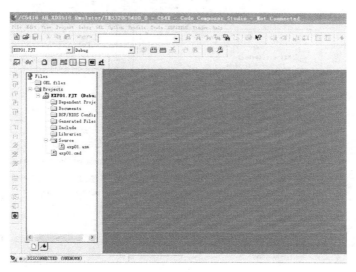

图 2-12

4. 工程项目编译

在"Project"在选择"Compile File":编译,"Build":建立目标文件,"Rebuild All"重新建立所有文件,如图 2-13 所示。

编译、建立完成后,如图 2-14 所示。

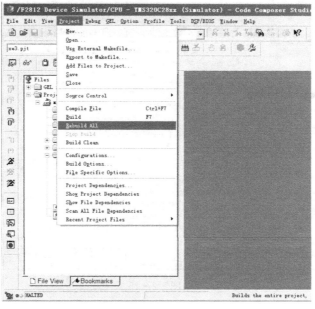

图 2-13

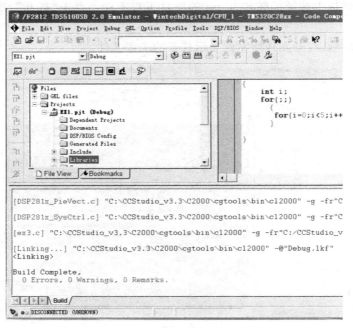

图　2-14

5. 加载程序

编译、建立完成并没有错误后，便可以开始调试。在"File"中选择"Load Program"，在弹出的对话框中选择项目生成文件. out 文件（. out 文件在工程中的 Debug 文件夹下），点击"打开"，见图 2-15 和图 2-16。

现在便可以真正调试了。

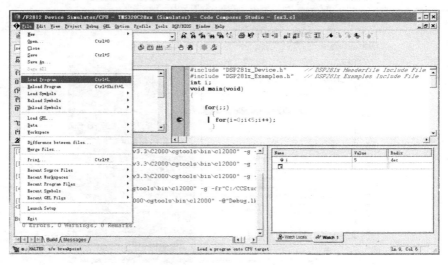

图　2-15

图　2－16

实验三　常用指令实验

一、实验目的

1. 了解 DSP 开发系统的组成和结构
2. 熟悉 DSP 开发系统的连接
3. 熟悉 DSP 的开发界面
4. 熟悉 C54X 系列的寻址系统
5. 熟悉常用 C54X 系列指令的用法

二、实验要求

认真阅读实验内容,初步了解实验系统的一些常用指令,通过 XF 管脚的测试程序的调试,熟悉汇编语言和 CCS 3.3 开发环境的使用。

三、实验仪器设备

1. 计算机
2. CCS 3.3 版软件
3. DSP 510 仿真器
4. EXPⅢ型实验箱

四、实验内容及步骤

1. 系统连接

进行 DSP 实验之前,先必须连接好仿真器、实验箱及计算机,连接方法见图 3-1。

图　3-1

2. 上电复位

在硬件安装完成后,确认安装正确、各实验部件及电源连接正常后,接通试验箱电源。

3. 运行 CCS 程序

待计算机启动成功后,实验箱 220 V 电源置"ON",实验箱上电,启动 CCS,并且 CCS 正常启动,表明系统连接正常;否则仿真器的连接、JTAG 接口或 CCS 相关设置存在问题,掉电,检查仿真器的连接、JTAG 接口连接,或检查 CCS 相关设置是否正确。

注:如在此出现问题,可能是系统没有正常复位或连接错误,应重新检查系统硬件并复位;也可能是软件安装或设置有问题,应尝试调整软件系统设置,具体仿真器和仿真软件 CCS 的

设置方法参见实验二。

· 成功运行程序后,首先应熟悉 CCS 的用户界面。

· 学会 CCS 环境下程序编写、调试、编译、装载,学习如何使用观察窗口等。

4. 修改样例程序,尝试 DSP 其他的指令

注:实验系统连接及 CCS 相关设置是以后所有实验的基础,在以下实验中这部分内容将不再复述。

5. 分析实验源程序

6. 实验具体操作

启动 CCS 3.3,并加载"exp01.out",如图 3-2～图 3-4 所示。

加载完毕,单击"Run"运行程序,如图 3-5 所示。

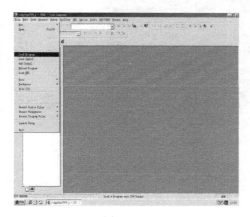

图 3-2

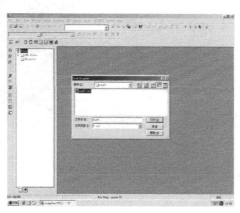

图 3-3

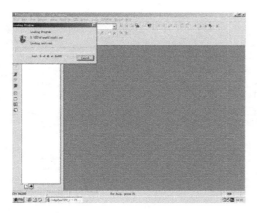

图 3-4

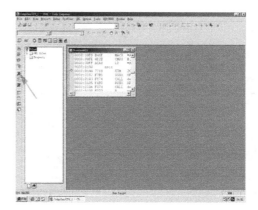

图 3-5

五、实验结果

单击"Run"运行程序后,可见"CPLD 单元"的指示灯 D3 以一定频率闪烁;单击"Halt"暂停程序运行(见图 3-6),则指示灯 D3 停止闪烁。如果再运行或停止程序,此现象可重复出现。

关闭所有窗口,本实验完毕。

源程序查看:选择下拉菜单中 Project→Open,打开"Exp01. pjt",双击"Source",可查看源程序。

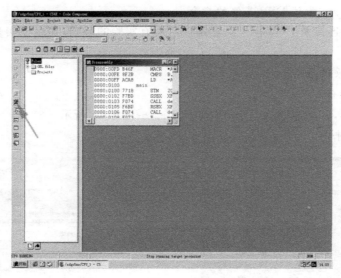

图　3－6

实验四 数据存储实验

一、实验目的

1. 掌握 TMS320C54 程序空间的分配
2. 掌握 TMS320C54 数据空间的分配
3. 熟悉操作 TMS320C54 数据空间的指令

二、实验要求

认真阅读实验内容,熟练应用 CCS 查看数据存储器地址,并通过不同地址之间数据传送,了解 TMS320C54 数据空间的分配,掌握编程中多种寻址方式的使用方法。

三、实验设备

1. 计算机
2. CCS 3.3 版软件
3. DSP 仿真器
4. EXPⅢ型实验箱

四、实验系统相关资源介绍

本实验教程是以 TMS32OVC5402 为例,介绍相关的内部和外部存储器资源。对于其他类型的 CPU 请参考查阅相关的数据手册。

下面给出 TMS32OVC5402 的存储器分配表,如图 4-1 所示。

对于数据存储空间而言,映射表相对固定。值得注意的是,内部寄存器都映射到数据存储空间内。因此在编程应用时这些特定的空间不能作其他用途。对于程序存储空间而言,其映射表和 CPU 的工作模式有关。当 MP/MC 引脚为高电平时,CPU 工作在微处理器模式;当 MP/MC 引脚低电平时,CPU 工作在微计算机模式。具体的存储器映射关系如上所述。

存储器实验主要帮助用户了解存储器的操作和 DSP 的内部双总线结构,并熟悉相关的指令代码和操作等。

五、实验步骤与内容

1. 实验步骤

(1)连接好 DSP 开发系统,运行 CCS 软件。

(2)在 CCS 的 Memory 窗口中查找 C5402 各个区段的数据存储器地址,在可以改变的数据地址随意改变其中内容。

(3)在 CCS 中装载实验示范程序,单步执行程序,观察程序中写入和读出的数据存储地址的变化。

(4)联系其他寻址方式的使用。

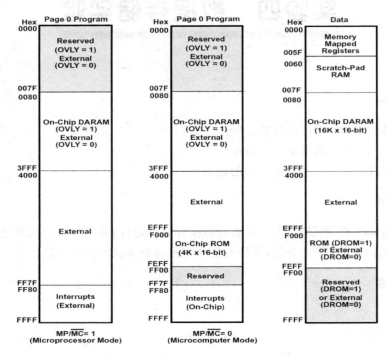

图 4-1 TMS32OVC5402 的存储器分配表

2. 样例程序实验操作说明

(1)启动 CCS 3.3,并加载"NORMAL\EXP02_MEM\DEBUG\exp02.out",见图 4-2。

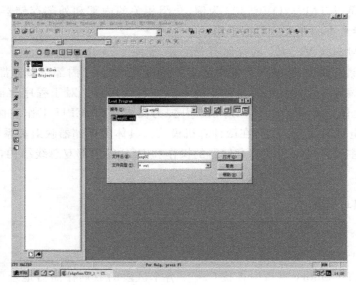

图 4-2

（2）用"View"下拉菜单中的"Memory"查看内存单元,见图4-3。

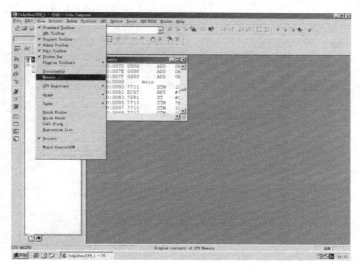

图 4-3

（3）输入要查看的内存单元地址,本实验要查看0x1000H～0x100FH单元的数值变化,删除"Enter An Address",然后在这个位置输入地址0x1000H,见图4-4。

图 4-4

（4）查看0x1000H～0x100FH单元的初始值,单击"Run"运行程序,也可以"单步"运行程序,见图4-5。

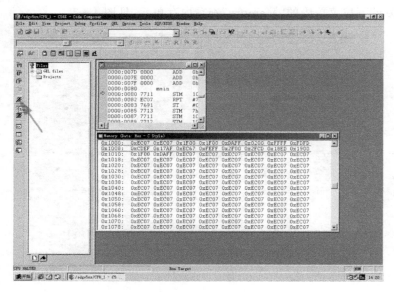

图　4-5

（5）单击"Halt"暂停程序运行，见图 4-6。

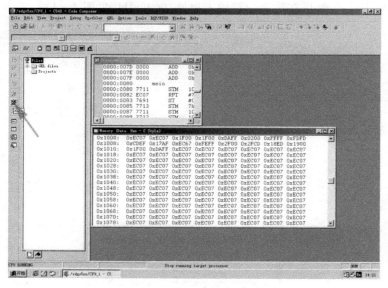

图　4-6

（6）查看 0x1000H～0x100FH 单元内数值的变化，见图 4-7。

（7）关闭各窗口，本实验完毕。

源程序查看：选择下拉菜单中 Project→Open，打开"NORMAL\EXP02_MEM\ Exp02. pjt"，双击"Source"，可查看源程序。

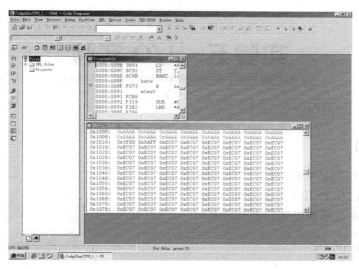

图 4-7

六、实验说明

本实验程序将对 0x1000 开始的 8 个地址空间，填写入 0xAAAA 的数值，然后读出，并存储到 0x1008 开始的 8 个地址空间。在 CCS 中可以观察 DATA 存储器空间地址 0x1000～0x100F 值的变化。

实验五　I/O 实验

一、实验目的

1. 了解 I/O 口的扩展；掌握 I/O 口的操作方法
2. 熟悉 PORTR，PORTW 指令的用途
3. 了解数字量与模拟量的区别和联系

二、实验要求

认真阅读实验内容，严格按照实验步骤进行。通过程序的调试了解 I/O 口的工作过程以及 LED 的 DSP 控制原理。爱护仪器，写出实验报告。

三、实验设备

1. 计算机
2. CCS 3.3 版软件
3. DSP 仿真器
4. EXPⅢ 型实验箱

四、实验步骤与内容

1. 实验步骤

运行 CCS 软件，装载样例程序，分别调整数字输入单元的开关 K1～K8，观察 LED1～LED8 亮灭的变化，以及输入和输出状态是否一致。

2. 样例程序实验操作说明

（1）启动 CCS 3.3，并加载"NORMAL\EXP03_IO\DEBUG\exp03.out"，见图 5-1。

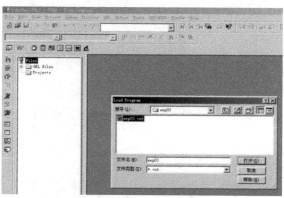

图　5-1

（2）单击"Run"运行程序，见图 5 - 2。

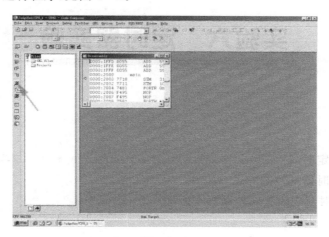

图　5 - 2

（3）任意调整 K1～K8 开关，可以观察到对应 LED1～LED8 灯"亮"或"灭"；单击"Halt"，暂停持续运行，开关将对灯失去控制，见图 5 - 3。

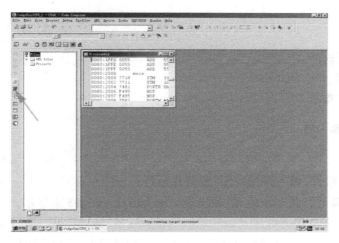

图　5 - 3

（4）关闭所有窗口，本实验完毕。

源程序查看：选择下拉菜单中 Project→Open，打开"NORMAL\EXP03_IO\Exp03. pjt"，双击"Source"，可查看源程序。

五、实验说明

实验中采用简单的——映射关系来对 I/O 口进行验证，目的是使实验者能够对 I/O 有一目了然的认识。在本实验中，提供的 I/O 空间分配如下：

CPU2 的 I/O 空间：0x8000 按键 input（X） 8；

CPU2 的 I/O 空间：0x8001 灯   output（X） 8。

实验六　定时器实验

一、实验目的

1. 熟悉 C54 的定时器
2. 掌握 C54 定时器的控制方法
3. 学会使用定时器中断方式控制程序流程

二、实验要求

认真阅读实验内容,严格按照实验步骤进行,掌握定时器控制方法和中断方式控制方法。爱护仪器,写出实验报告。

三、实验设备

1. 计算机
2. CCS 3.3 版软件
3. DSP 仿真器
4. EXPⅢ型实验箱

四、实验步骤和内容

1. 实验步骤
(1)运行 CCS 软件,调入样例程序,装载并运行。
(2)定时器实验通过数字量输入/输出单元的 LED1~LED8 来显示。
2. 样例程序实验操作说明
(1)启动 CCS 3.3,并加载"NORMAL\EXP04_TIMER\EXP04\Debug\exp04.out",见图 6-1。

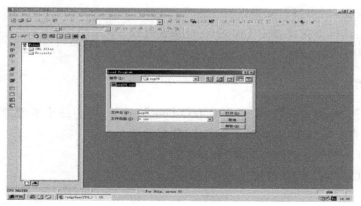

　　　　图　6-1

（2）单击"Run"运行，可观察到 LED 灯（LED1～LED8）以一定的间隔时间不停闪烁，见图 6－2。

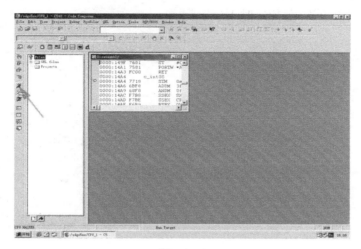

图　6－2

（3）单击"Halt"，暂停程序运行，LED 灯停止闪烁；单击"Run"，运行程序，LED 灯又开始闪烁，见图 6－3。

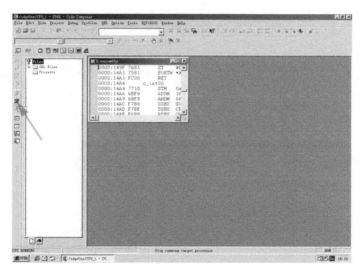

图　6－3

（4）关闭所有窗口，本实验完毕。

源程序查看：选择下拉菜单中 Project→Open，打开"NORMAL\EXP04_TIMER\EXP04\Exp 04. pjt"，双击"Source"，可查看各源程序。

五、实验说明

C54 的定时器是一个 20 位的减法计数器，可以被特定的状态位实现停止、重新启动、重设置或禁止，可以使用该定时器产生周期性的 CPU 中断，控制定时器中断频率的两个寄存器是定时周期寄存器(PRD)和定时减法寄存器(TDDR)。

在本系统中,如果设置时钟频率为 20 MHz,令 PRD = 0x4e1f,这样得到每 1/1 000 s 中断一次,通过累计 1 000 次,就能定时 1 s。

实验七 INT2 中断实验

一、实验目的

1. 掌握中断技术,学会对外部中断的处理方法
2. 掌握中断对程序流程的控制,理解 DSP 对中断的响应时序

二、实验要求

认真阅读实验内容,严格按照实验步骤进行,熟练掌握中断的过程。通过对程序的分析,掌握实时处理信号的基本方法。爱护仪器,写出实验报告。

三、实验设备

1. 计算机
2. CCS 3.3 版软件
3. DSP 仿真器
4. EXPⅢ型实验箱

四、实验步骤和内容

1. 实验步骤

(1)用连接线连接"CPLD 单元"的 2 号孔"单脉冲输出"和"电机控制单元"2 号孔"INT2"。将"CPLD 单元"拨码开关第 3 位打到"ON"位置。

(2)低电平单脉冲触发 DSP 中断 INT2;该中断由"单脉冲单元"按键"S5"产生。按一次,产生一个中断。

(3)运行 CCS 软件,调入样例程序,装载并运行。

(4)每按一次"单脉冲输出"按键 LED1～LED8 灯亮灭变化一次。

(5)填写实验报告。

2. 样例程序实验操作说明

(1)启动 CCS 3.3,并加载"NORMAL\EXP05_CPU2\DEBUG\exp05.out",见图 7-1。

(2)单击"Run"运行程序,反复按开关"单脉冲输出",观察 LED1～LED8 灯亮灭变化,见图 7-2。

(3)单击"Halt"暂停程序运行,反复按开关"单脉冲输出",LED1～LED8 灯亮灭不变化,见图 7-3。

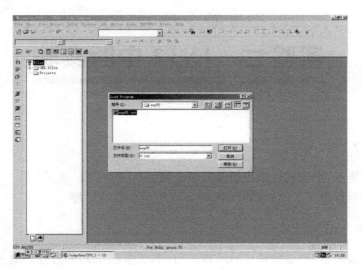

图　7－1

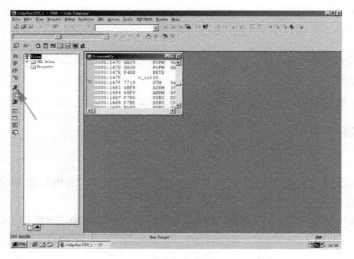

图　7－2

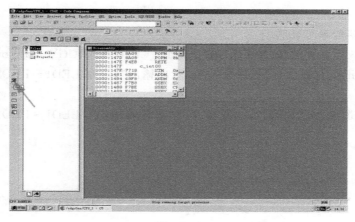

图　7－3

（4）关闭所有窗口，本实验完毕。

源程序查看：选择下拉菜单中 Project→Open，打开"NORMAL\EXP05_CPU2\Exp05.pjt"，双击"Source"，可查看各源程序。

五、实验说明

DSP 的 INT2 中断为低电平沿触发。

实验八 A/D 转换实验

一、实验目的

1. 熟悉 A/D 转换的基本原理
2. 掌握 AD7822BN 的技术指标和常用方法
3. 掌握并熟练使用 DSP 和 AD7822BN 的接口及其操作

二、实验要求

认真阅读实验内容,严格按照实验步骤进行,在断电情况下正确连接各模块。通过分析程序验证采样定理,熟悉 A/D 转换的基本方法,掌握软示波器观测信号的过程。爱护仪器,写出实验报告。

三、实验设备

1. 计算机
2. CCS 3.3 版软件
3. DSP 仿真器
4. EXPⅢ 型实验箱
5. 连接线

四、实验步骤和内容

1. 实验步骤

(1)拨码开关设置与连线。

1)JP3 拨码开关见表 8-1。

表 8-1

码 位	备 注
1	OFF
2	OFF
3	ON
4	OFF
5	OFF
6	ON

2)SW2 拨码开关见表 8-2。

表　8－2

SW2				备　注
1	2	3	4	码　位
OFF	OFF	OFF	OFF	AD7822 的采样时钟为 1MHz，且中断给 CPU2 的中断 2

用连接线连接"模拟信号源"2 号孔"信号源 1"与"A/D 单元"2 号孔"ADIN1"。

（2）运行 CCS 软件，加载示范程序。

（3）观察采样结果。

（4）填写实验报告。

2. 样例程序实验操作说明

（1）启动 CCS 3.3，并打开"NORMAL\EXP06_AD\exp06.pjt"工程文件，见图 8－1。

图　8－1

（2）双击"exp06.pjt"及"Source"，可查看各源程序；加载"NORMAL\EXP06_CPU2\DE-BUG\exp06.out"文件；并在"exp06.c"中图 8－2"i＝0;"处，设置断点。

（3）单击"Run"运行程序，程序运行到断点处停止，见图 8－2。

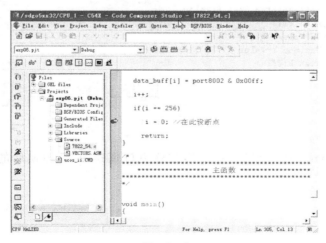

图　8－2

（4）选择下拉菜单中的 View→Graph→Time/Frequency，打开一个图形观察窗口，见图8-3。

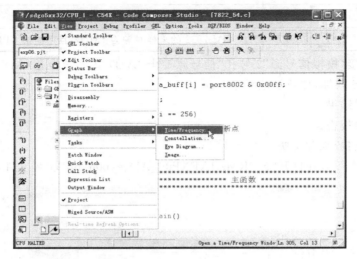

图　8-3

（5）设置该图形观察窗口的参数，观察起始地址为 data_buff，长度为 256 的存储器单元内的数据，该数据为输入信号经 A/D 转换之后的数据，数据类型为 16 位整型，见图8-4。

Graph Property Dialog	
Display Type	Single Time
Graph Title	Graphical Display
Start Address	data_buff
Page	Data
Acquisition Buffer Size	256
Index Increment	1
Display Data Size	256
DSP Data Type	16-bit signed integer
Q-value	0
Sampling Rate (Hz)	1
Plot Data From	Left to Right
Left-shifted Data Display	Yes
Autoscale	Off
DC Value	0
Maximum Y-value	300
Axes Display	On

OK　Cancel　Help

图　8-4

（6）单击"Animate"运行程序，在图形观察窗口观察 A/D 转换后的数据波形变化，见图8-5。

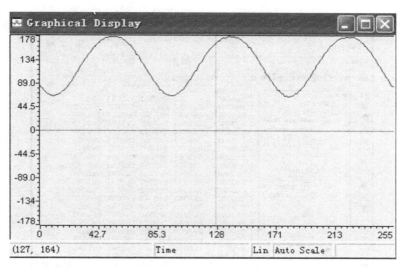

图　8-5

（7）单击"Halt"暂停程序运行,用"View"的下拉菜单中"Memory"打开存储器数据观察窗口;设置该存储器数据观察窗口的参数,选择地址为 data_buff,数据格式为 C 格式 16 进制数,见图 8-6。

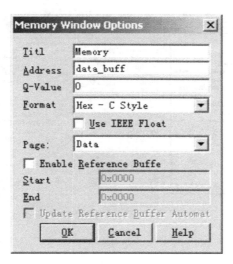

图　8-6

（8）单击"Animate"运行程序,调整存储器数据观察窗口,并在该窗口中观察数据变化,A/D转换后的数据存储在地址为 data_buff 单元开始的 256 个单元内,变化数据将变为红色,见图 8-7 和图 8-8。

（9）单击"Halt"停止程序运行。

（10）关闭"exp06.pjt"工程文件,关闭各窗口,本实验完毕。

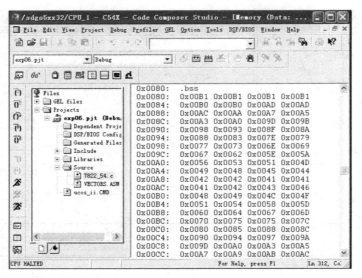

图 8-7

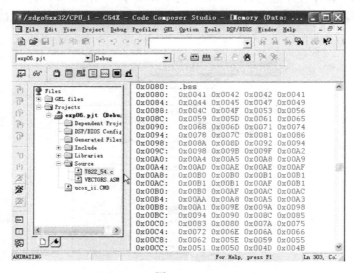

图 8-8

五、实验说明

AD7822 通过 DSP 的 I/O 口完成数据通信。采样数据存储在从数组 data_buff[ ]中。

实验九 D/A 转换实验

一、实验目的

1. 熟悉 D/A 转换的基本原理
2. 掌握 AD7303 的技术指标和常用方法
3. 熟悉 DSP 的多通道缓冲串口配置为 SPI 的应用方法
4. 掌握并熟练 DSP 的使用和 AD7303 的接口及其操作

二、实验要求

认真阅读实验内容,严格按照实验步骤进行,在断电情况下正确连接各模块。通过分析程序验证采样定理,熟悉 D/A 转换的基本方法,比较并掌握软、硬示波器观测信号的过程。爱护仪器,写出实验报告。

三、实验设备

1. 计算机
2. CCS 3.3 版软件
3. DSP 仿真器
4. EXP Ⅲ 型实验箱
5. 示波器

四、实验步骤与内容

1. 实验步骤

(1) 运行 CCS 软件,加载示范程序。

(2) 按 F5 运行程序,用示波器检测"CPLD 单元"的 2 号孔接口"D/A 输出 1"输出一个正弦波。

(3) 填写实验报告。

2. 样例程序实验操作说明

(1) 启动 CCS 3.3,并打开"NORMAL\EXP07_DA\exp07.pjt"工程文件,见图 9-1。

(2) 加载"NORMAL\EXP07_CPU2\DEBUG\exp07.out",见图 9-2、图 9-3。

图 9-1

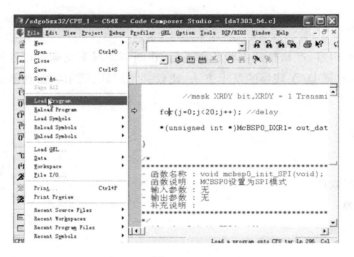

图 9-2

图 9-3

(3)单击"Run"运行程序一次,然后取消运行。打开一个图形观察窗口,以观察程序产生的波形,见图 9-4。

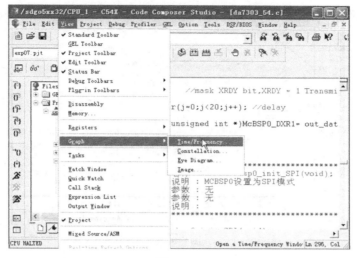

图　9-4

(4)设置观察窗口参数,起始地址为 data_buff,长度为 256,16 位整型,见图 9-5。

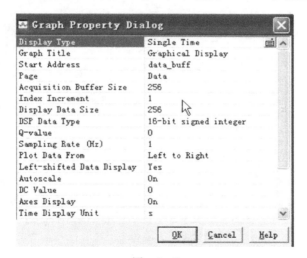

图　9-5

(5)产生的正弦波图形,见图 9-6。

(6)然后单击"Run"全速运行程序。用示波器检测"D/A 转换单元"的 2 号孔接口"输出 1"输出一个正弦波。

(7)关闭所有窗口,本实验完毕。

五、实验说明

本实验通过 DSP 产生一个正弦波,然后再将这个正弦波的数据按一定周期通过 D/A 发送出去。在 2 号孔接口"D/A 输出 1"输出一个连续的正弦波，正弦波的频率和辐值可以通过程序设定。

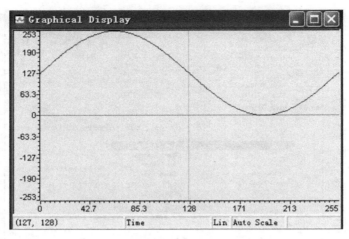

图 9-6

实验十　语音处理实验

一、实验目的

1. 熟悉 ADC/DAC 的性能及 TLV320AIC23 的接口和使用
2. 熟悉 MCBSP 多通道缓冲串口配置为 SPI 模式的通信的应用
3. 掌握一个完整的语音输入、输出通道的设计
4. 了解语音信号的采集、回放及滤波处理

二、实验要求

认真阅读实验内容,严格按照实验步骤进行,在断电情况下正确连接各模块。了解语音信号的基本特性,通过分析程序,掌握语音信号的基本处理方法。爱护仪器,写出实验报告。

三、实验仪器设备

1. CCS 3.3 版软件
2. 计算机
3. 实验箱
4. DSP 仿真器
5. 音频对录线
6. 音频信号源

四、实验内容及步骤

1. 实验步骤

(1)利用自备的音频信号源,或把计算机当成音源,从实验箱的"语音单元"的音频接口"麦克输入"输入音频信号,进行 A/D 采集。

(2)语音处理算法。

(3)D/A 输出音频信号(可以用示波器观察,也可以经过语音放大电路驱动板载扬声器)实现语音信号的回放。

(4)具体的硬件接口连线参见样例程序实验操作说明。

(5)运行 CCS 软件,加载示范程序,运行程序,扬声器有声音输出。

(6)写实验报告。

2. 样例程序实验操作说明

(1)实验前准备。

"语音接口"模块小板的拨码开关设置如下:

SW1 拨码开关见表 10-1。

表 10-1

状　态	备　注
1	ON
2	OFF
3	ON
4	ON

SW2 拨码开关见表 10-2。

表 10-2

状　态	备　注
1	ON
2	ON
3	ON
4	空脚

注:SW1,SW2 拨码开关是插在语音接口上的小板的拨码开关。

用音频对录线,连接实验箱与外部音频源。

(2)实验具体内容。

实验 A:语音采集实验

1)启动 CCS 3.3,打开"normal\exp08_audio\useraudio01\"中的"useraudio01.pjt"工程文件;双击"useraudio01.pjt"及"Source"可查看各源程序,如图 10-1 所示。

图　10-1

2)加载"normal\exp08_audio\useraudio01\debug\"中的 useraudio01. out,如图 10-2
所示。

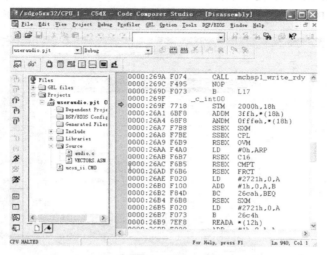

图　10-2

3)打开音频源,输出音频,单击"Run"运行程序,或按 F5 运行程序。

实验结果:

可听到连续音频信号,调节"右声道调节"和"左声道调节"旋钮,输出音频信号大小变化。
通过键盘输入可以更改回声延迟时间。

按"0"键是语音回放,声音无回声。

按"1"键是语音回声滞后 62.5 ms,可听到回声。

按"2"键是语音回声滞后 125 ms,可听到回声。

按"3"键是语音回声滞后 250 ms,可听到明显的回声。

实验说明:该实验完成模拟音频信号的数字化采集,A/D 及 D/A 转换和回放。

注:用输入调节"R43"和输出调节"RV1"旋钮,改变输出音频信号大小。

单击"Halt"暂停程序运行,选择"Close"关闭"useraudio01. pjt"工程文件,关闭各程序显
示窗口,如图 10-3 所示。

图　10-3

实验 B：语音处理实验

1）打开 ToneIIRLP02rt 目录下的"ToneIIRLP02rt. pjt"工程文件，准备进行语音处理实验；双击"ToneIIRLP02rt. pjt"及"Source"可查看各源程序，如图 10 - 4 所示。

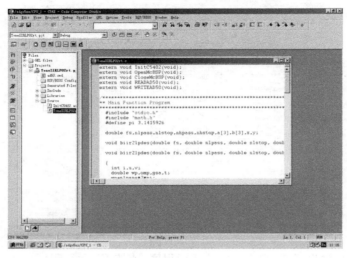

图　10 - 4

2）加载"ToneIIRLP02rt. out"，如图 10 - 5 所示。

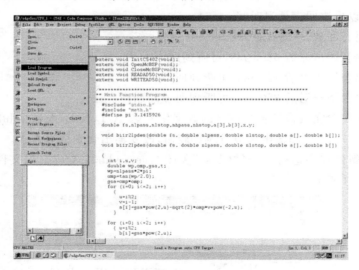

图　10 - 5

3）单击"Run"运行程序，或按 F5 运行程序，如图 10 - 6 所示。

实验结果：

可听到连续音频信号，每间隔一定时间进行一次变化。

实验说明：

该实验完成模拟音频信号数字化采集、A/D、IIR 低通滤波、D/A 转换和回放。实验中，IIR 低通滤波器滤波参数间隔一定时间修改一次，该算法程序中 IIR 低通滤波器滤波性能参数:①采样频率为 16 kHz,通带内最大允许衰减 3 dB,阻带内最小衰减大于 30 dB;②过度带宽度为 3.2 kHz;③通带上限频率为 1.76 kHz 或 0.176 kHz,间隔一定时间变化;④阻带下限截止频率为 4.96 kHz 或 3.36 kHz,间隔一定时间变化。

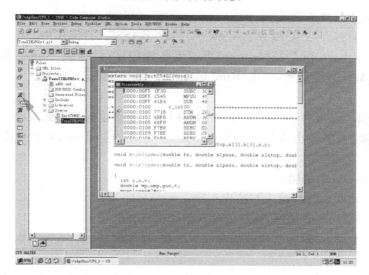

图 10-6

单击"Halt",暂停程序运行,可以进行如下修改:修改"ToneIIRLP02rt.c"程序中"nlpass"和"nlstop"参数,来修改 IIR 低通滤波器的滤波性能参数,修改循环值可改变化时间,如图 10-7所示。

图 10-7

算法特殊说明:

程序中参数"nlpass"和"nlstop"分别为通带上限频率参数和阻带下限截止频率参数,采样频率对应 1;设置时,应使"nlpass""nlstop"两参数均小于 0.5,且前者要比后者小 0.2,否则,将不能满足阻带的最大衰减大于 30 dB 的要求。

修改参数后，重新"Rebuild All"后，重新加载，并按 F5 运行程序，可以得到不同的实验结果。

实验 C：重低音处理实验

启动 CCS 3.3；打开"\SUPER_BASS\ SUPER_BASS"文件夹中的"Super_bass. pjt"工程文件；双击"Super_bass. pjt"及"Source"可查看各源程序；并加载"Super_bass. out"下载文件；打开音频源，输入音频信号，单击"Run"运行程序，或按 F5 运行程序。

实验结果：

两首小号音乐，mode = 1 时，小号声音被滤掉，主要输出为鼓的低音；mode = 1 时，大部分高、中音被滤除，主要输出为鼓的低音；mode = 2 时，与 mode = 0 时比较，低音有明显加强。

注：程序中 mode 的说明：

A. mode = 0 时，直通；输入与输出相同；

B. mode = 1 时，低音滤波，输出为输入信号的低音部分；

C. mode = 2 时，对输入信号做低音加重处理，请注意与 mode = 0 时输出结果比较。

注意事项：

建议采用耳机或音箱监听处理结果。原因：实验箱自带喇叭的音频动态范围过窄。

建议选用低音丰富的乐曲或歌曲作为音源进行处理，程序主要完成低音加重处理。

实验时，输入及输出音量应视情况做适当调整，以避免溢出。

实验十一 键盘接口及七段数码管显示实验

一、实验目的

1. 了解串行口 8 位 LED 数码管及 64 键键盘智能控制 HD7279A 的基本原理
2. 学习用 TMS320C54XDSP 芯片控制芯片 HD7279A 键盘和 LED 的基本方法和步骤

二、实验要求

认真阅读实验内容,严格按照实验步骤进行,在断电情况下正确连接各模块。了解键盘接口及七段数码管的基本电路,通过分析程序,掌握通过 DSP 实现驱动键盘和七段数码管工作的方法。爱护仪器,写出实验报告。

三、实验仪器设备

1. 计算机
2. CCS 3.3 版软件
3. DSP 仿真器
4. 实验箱

四、HD7279A 芯片简介

该芯片是一片具有串行接口的,可同时驱动 8 位共阴式数码管(或 64 只独立 LED)的智能显示驱动芯片,该芯片同时还可连接多达 64 键的键盘矩阵,单片即可完成 LED 显示、键盘接口的全部功能。HD7279A 内部含有译码器,可直接接收 BCD 码或 16 进制码,并同时具有 2 种译码方式。此外,还具有多种控制指令,如消隐、闪烁、左移、右移、段寻址等。

HD7279A 具有片选信号,可方便地实现多于 8 位的显示或多于 64 键的键盘接口。

五、实验内容及步骤

(1)开关 K9 拨到右边,即仿真器选择连接右边的 CPU:CPU2;正确完成计算机、DSP 仿真器和实验箱的连接后,系统上电。

(2)启动 CCS 3.3,选择 Project→Open 打开 NORMAL\exp09_keyboard\keyboard_led 目录下的"keyboard_led. pjt"工程文件;双击"keyboard_led. pjt"及"Source"可查看各源程序;并加载"DEBUG"目录下的 "keyboard_led. out",如图 11 - 1 所示。

(3)单击"Run"运行程序,然后观察结果。

可以看到 LED 全部点亮后,LED13 和 LED14 显示出 0,1,2,3,4,5,6,7,8,9 等字符,并逐渐左移,直到"F"出现后,LED 全部变暗。此时按键,便可从 LED13 和 LED14 上显示出 1,2,3,4,5,6,7,8,9 等按键对应的键值,每个键对应一个数,当按下一键时 LED 就会显示出相对应的数,且向左移动一位。

注:随实验附带有 HD7279 的 PDF 文档,HD7279 详细操作可参资料。

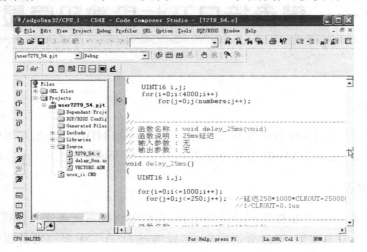

图 11-1

实验十二　LCD 实验

一、实验目的

1. 了解 LCD 显示的基本原理
2. 学习用 TMS320C54XDSP 芯片控制 LCD 的基本方法和步骤
3. 加深对访问 DSPIO 空间的理解

二、实验要求

认真阅读实验内容,严格按照实验步骤进行,在断电情况下正确连接各模块。了解 DSP 与 LCD 的连接电路,通过分析程序,掌握通过 DSP 实现驱动 LCD 工作的方法。爱护仪器,写出实验报告。

三、实验仪器设备

1. 计算机
2. CCS 3.3 版软件
3. DSP 仿真器
4. 实验箱

四、LCD 简介

液晶显示器(LCD)以其功耗低、体积小、外形美观、价格低廉等多种优势在仪器、仪表产品中得到越来越多的应用。

LCD 数据接口基本上分为串行接口和并行接口两种形式,本实验系统选用的是北京青云创新科技发展有限公司生产的中文液晶显示模块,型号为 LCM12864ZK_LCD,其字型 ROM 内含 8 192 个 16×16 点阵中文字型和 128 个 16×8 半宽的字母符号字型;另外绘图显示画面提供一个 64×256 点的绘图区域 GDRAM;而且内含 CGRAM 提供 4 组软件可编程的 16×16 点阵造字功能。电源操作范围宽(2.7~5.5 V);低功耗设计可满足产品的省电要求。同时,与单片机等微控器的接口界面灵活(三种模式并行 8 位/4 位串行 3 线/2 线)。

中文液晶显示模块可实现汉字、ASCII 码、点阵图形的同屏显示;广泛用于各种仪器、仪表家用电器和信息产品上作为显示器件。

本实验中,采用并行 8 位数据接口输入方式,把 LCD 映射到 DSP 芯片的 I/O 空间,通过读写 I/O 地址来控制液晶,TMS320C54xDSP 芯片对该地址输出数据,实现对 LCD 的显示控制。

五、实验内容及步骤

（1）在 CPU 上连接 DSP 开发系统，正确连接完毕后，系统上电；将"液晶显示单元"拨码开关 S2 都置"ON"。

（2）启动 CCS 3.3，用 Project→Open 打开"NORMAL\EXP10_LCD\lcd_5402\lcd_5402.pjt"工程文件；双击"lcd_5402. pjt"及"Source"可查看各源程序；并加载"debug 目录"下的"lcd_5402. out"。

（3）单击"Run"运行程序，如图 12 - 1 所示。

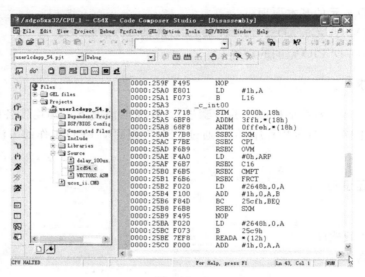

图　12 - 1

（4）LCD 上显示："北京精仪达盛科技有限公司欢迎您！"。

实验十三　数字图像处理实验

一、实验目的

1. 了解数字图像处理的基本原理
2. 学习灰度图像二值化处理技术
3. 学习灰度图像反色处理技术

二、实验要求

认真阅读实验内容,严格按照实验步骤进行。了解数字图像处理的基本含义,通过分析程序,掌握利用 DSP 做基本数字图像处理(二值化、反向等)的方法。爱护仪器,写出实验报告。

三、实验仪器设备

1. 计算机
2. CCS 3.3 版软件
3. DSP 仿真器
4. 实验箱

四、实验内容及步骤

1. 实验前准备

正确完成计算机、DSP 仿真器和实验箱的连接后,系统上电。

2. 实验

(1)启动 CCS 3.3,用 Project→Open 打开"NORMAL\exp11_diggraph"目录下"diggraph.pjt"工程文件;双击该工程文件可查看各源程序,见图 13-1。

(2)加载"debug"目录下的 diggraph.out;在主程序 diggraph.c 中,在两个"i = 0"处设置断点;单击"Run",程序运行到第一个断点处停止,见图 13-2。

(3)用 View→Graph→Image 打开一个图形观察窗口,以观察程序载入的"Lena64.bmp"图像,该图像应保存在"exp11_cpu1"目录中;按图 13-3 所示设置该图形观察窗口,观察变量 y,为 64×64 的二维数组。

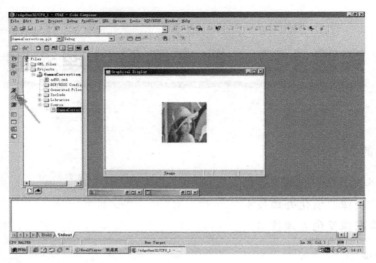

图　13－1

图　13－2

Graph Property Dialog	
Display Type	Image
Graph Title	Graphical Display
Color Space	RGB
Interleaved Data Sources	Yes
Start Address	y
Page	Data
Lines Per Display	64
Pixels Per Line	64
Byte Packing to Fill 32 Bits	No
Bits Per Pixel	8 (256 Color Palette)
Palette Option	Gray Scale of 256 Colors
Image Origin	Bottom Left
Status Bar Display	On
Cursor Mode	No Cursor

图　13－3

（4）单击"Run"，程序运行到第二个断点处停止，这时可在图形观察窗口中，观察到原图像经二值化处理后的结果图像；单击"Run"，程序全速运行，这时可在液晶屏上观察到原图像经二值化处理后的图像和把二值化后的图像反色以后的图像，见图 13-4。

本程序中，二值化处理阈值设为 128。

（5）关闭各窗口，本实验结束。

图 13-4　"Lena64.bmp"在 CCS 环境下的显示图像

实验十四　数字波形产生

一、实验目的

1. 了解数字波形产生的基本原理
2. 学习用 C54x DSP 芯片产生正弦信号的基本方法和步骤

二、实验要求

认真阅读实验内容,严格按照实验步骤进行。了解数字波形的数学含义,通过分析程序,掌握利用 DSP 实现基本信号波形的方法。爱护仪器,写出实验报告。

三、实验仪器设备

1. 示波器
2. 计算机
3. CCS 3.3 版软件
4. DSP 仿真器
5. 实验箱

四、基础理论

数字波形信号发生器是利用微处理器芯片,通过软件编程和 D/A 转换,产生所需要信号波形的一种方法。在通信、仪器和控制等领域的信号处理系统中,经常会用到数字正弦波发生器。

一般情况,产生正弦波的方法有两种:

1. **查表法**

此种方法用于对精度要求不是很高的场合。如果精度要求高,表则很大,相应的存储器容量也要很大。

2. **泰勒级数展开法**

这是一种更为有效的方法。与查表法相比,需要的存储单元很少,而且精度高。

一个角度为 θ 的正弦和余弦函数,可以展开成泰勒级数,取其前 5 项进行近似得

$$\sin\theta = x - \frac{x^3}{3!} + \frac{x^5}{5!} - \frac{x^7}{7!} + \frac{x^9}{9!} = x\left(1 - \frac{x^2}{2\times3}\left(1 - \frac{x^2}{4\times5}\left(1 - \frac{x^2}{6\times7}\left(1 - \frac{x^2}{8\times9}\right)\right)\right)\right)$$

$$\cos\theta = 1 - \frac{x^2}{2!} + \frac{x^4}{4!} - \frac{x^6}{6!} + \frac{x^8}{8!} = 1 - \frac{x^2}{2}\left(1 - \frac{x^2}{3\times4}\left(1 - \frac{x^2}{5\times6}\left(1 - \frac{x^2}{7\times8}\right)\right)\right)$$

其中,x 为 θ 的弧度值。

本实验用泰勒级数展开法产生一正弦波,并通过 D/A 转换输出。

五、实验内容及步骤

1. 实验步骤

(1)运行 CCS 软件,加载示范程序。

(2)按 F5 键运行程序,用示波器检测"CPLD 单元"的的 2 号孔接口"D/A 输出 1"输出一个正弦波。

(3)填写实验报告。

2. 样例程序实验操作

(1)启动 CCS 3.3,用 Project→Open 打开 exp12_wave\wave2 目录下"wave. pjt";双击"wave. pjt"及"Source"可查看各源程序。

(2)加载"wave. out"后;在"wave. c"程序中,"y1[i]=data&0x00ff|0x0100;"处设置断点。

(3)单击"Run",程序运行到断点处停止;用 View→Graph→Time→Frequency 打开一个图形观察窗口,以观察利用泰勒级数产生的波形;设置观察变量 y,长度为 256,32 位浮点型数值,见图 14-1。

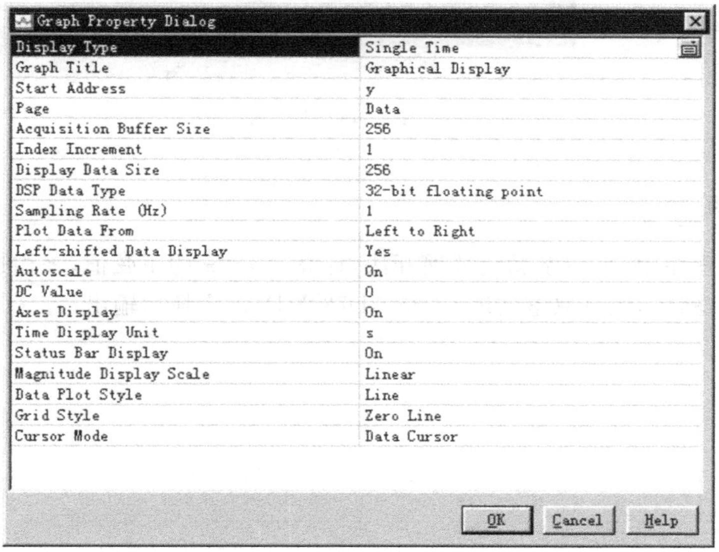

图　14-1

(4)调整图形观察窗口,观察产生波形,见图 14-2。

(5)处消段点,再单击"Run"继续运行程序,用示波器检测"CPLD 单元"的的 2 号孔接口"D/A 输出 1"输出一个正弦波。

(6)单击"Halt"暂停程序运行,示波器上正弦波消失。

(7)在"exp12. c"程序中,N 值为产生正弦信号一个周期的点数,产生的正弦信号的频率与 N 数值大小及 D/A 转换频率 $f_{D/A}$ 有关,产生正弦波信号频率 f 的计算公式为

$$f = \frac{f_{D/A}}{N}$$

尝试修改"wave. c"程序中 N 值,"Rebuild"及"Load"后,单击"Run"运行程序,观察产生

信号频率变化。

(8)关闭"wave. pjt"工程文件；关闭所有窗口，本实验完毕。

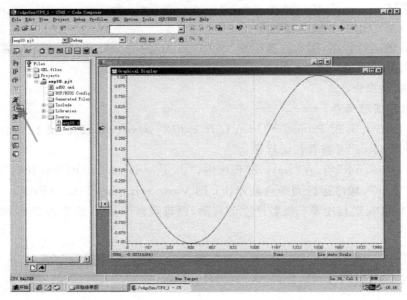

图　14－2

六、实验说明

本实验样例程序中，采用泰勒级数展开法，计算－π～π 的正弦值，来构造正弦波信号，计算点数为 256 点；然后，经过取整处理后，经 AD7303 D/A 变换后输出。

实验十五　二维图形生成

一、实验目的

1. 了解 DSP 的图形处理功能；掌握 CCS 的图形观察功能
2. 学会简单的二维图形生成编程

二、实验要求

认真阅读实验内容，严格按照实验步骤进行。了解计算机图形学的基本概念，通过分析程序，掌握利用 DSP 做基本的计算机图形学处理的方法。爱护仪器，写出实验报告。

三、实验仪器设备

1. 示波器
2. 计算机
3. CCS 3.3 版软件
4. DSP 仿真器
5. 实验箱

四、实验内容及步骤

1. 实验前准备
正确完成计算机、DSP 仿真器和实验箱的连接后，系统上电。

2. 实验
启动 CCS 3.3，选择 Project→Open，打开"Exp13_graph/Graphmake"目录下"Graphmake.pjt"工程文件；双击"Graphmake.pjt"及"Source"可查看各源程序；并加载"Graphmake.out"；在"Graphmake.c"最后"j = 0"处设置断点；单击"Run"，程序运行到断点处停止，见图 15 - 1。

（2）用 View→Graph→Time→Frequency 打开一个图形观察窗口，以观察产生的一维信号波形，见图 15 - 2。设置该图形观察窗口，观察变量 x，长度为 40，浮点型数值。

（3）用 View→Graph→Image 再打开一个图形观察窗口，以观察产生的二维信号波形；该二维图形是用一维信号波形以 y 轴为旋转轴旋转 360°产生；按图 15 - 3 所示设置该图形。观察窗口，观察变量 y，为 81×81 的二维数组。

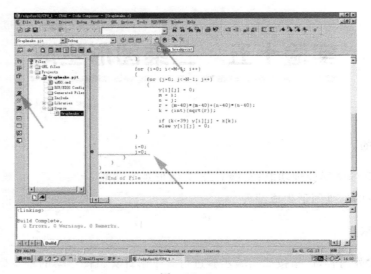

图　15 - 1

Graph Property Dialog	
Display Type	Single Time
Graph Title	Graphical Display
Start Address	x
Page	Data
Acquisition Buffer Size	40
Index Increment	1
Display Data Size	40
DSP Data Type	32-bit floating point
Sampling Rate (Hz)	1
Plot Data From	Left to Right
Left-shifted Data Display	Yes
Autoscale	On
DC Value	0
Axes Display	On
Time Display Unit	s

图　15 - 2

Graph Property Dialog	
Display Type	Image
Graph Title	Graphical Display
Color Space	RGB
Interleaved Data Sources	Yes
Start Address	y
Page	Data
Lines Per Display	81
Pixels Per Line	81
Byte Packing to Fill 32 Bits	No
Bits Per Pixel	8 (256 Color Palette)
Palette Option	Uniform Palette of 256 Colors
Image Origin	Bottom Left
Status Bar Display	On
Cursor Mode	Data Cursor

图　15 - 3

（4）调整图形窗口位置，单击"Animate"，观察各图形窗口变化，见图 15－4。

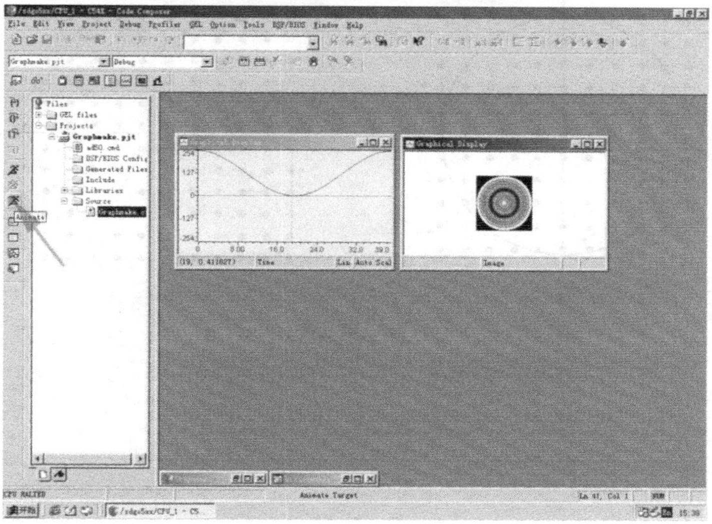

图　15－4

（5）单击"Halt"停止程序运行，关闭"Graphmake. pjt"工程文件，关闭各窗口，本实验结束。

五、实验说明

在二维数字信号处理及图像处理理论中，对二维数字信号或图像进行滤波处理时，二维滤波器的设计通常会采用窗口法设计非递归滤波器，采用一维设计技术，并将其直接推广，虽然维数增加了，但由于不用对一维滤波器的设计方法作重大修改，从而使二维滤波器的设计简化。

在采用窗口法设计非递归滤波器的方法中，常见的有旋转法和笛卡儿生成法。

旋转法：将一维滤波器的 $H(w)$ 以 $H(w)$ 轴为旋转轴，旋转 360°，从而生成 $H(m,n)$，可表示为

$$H(m,n) = H(\sqrt{m^2 + n^2})$$

这种方法生成的窗口底面区是圆的。

笛卡儿生成法：用两个一维窗口的笛卡儿（外）积来求得方形或矩形底面区的二维窗口，可表示为

$$H_c(m,n) = H_1(m)H_2(n)$$

两种生成方法的窗口底面区可参见图 15－5。

在计算机图形学中，也常采用旋转法来实现二维图形或曲面的生成，利用一维图形描述 $y = f(x)$，以 y 轴或 x 轴为旋转轴旋转 360° 生成二维图形 $z = f'(x,y)$，也有以 $y = f(x)$ 中的某一点，沿不同轴进行旋转，从而简化复杂二维图形或曲面的生成。

在本实验中，以 cos 或 sin 函数生成一维图形，并以 y 轴为旋转轴旋转 360°，生成二维图形，用 CCS 的图形观察窗口观察。

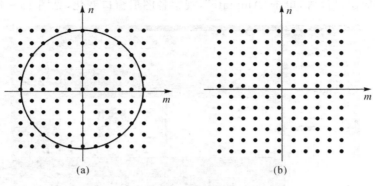

图　15 - 5

实验十六　　BOOTLOADER 装载实验

一、实验目的

1. 了解 DSP54X 芯片的 BOOTLOADER 功能
2. 对 BOOTLOADER 的操作流程能深入了解
3. 学习 FLASH 在线烧写

二、实验要求

认真阅读实验内容，严格按照实验步骤进行。了解在线烧写 DSP 芯片的流程，通过实际操作，掌握 BOOTLOADER 的功能和实现方法。爱护仪器，写出实验报告。

三、实验仪器设备

1. 计算机
2. 烧录器
3. CCS 3.3 版软件
4. DSP 仿真器
5. 实验箱

四、实验原理

TMS320VC5402 的 BOOTLOADER 功能是，在上电后，DSP 自动将固化在 EEPROM 或 FLASH 中的程序读入到 DSP 的片上 RAM 或片外 RAM 映射成的存储区间的一个过程。

BOOTLOADER 提供各种装载方式，有并行、串行或 HPI 方式等，按照数据进入 DSP 时的字长又分为 8 位和 16 位模式；DSP 上电后，会根据片上的环境采取相应的 BOOTLOADER 模式进行 BOOT。

系统复位时，如果 MP/MC＝0，BOOTLOADER 程序将会执行。

程序复位后，DSP 从 FF80 跳到了芯片内部的 bootloader 程序，并开始运行片内的程序。下面是其初始化程序：

```
sect"boot"
boot
ssbx      intm                ;关掉所有中断
ld        ♯0, dp
stm       ♯0FFFFh,ifr         ; clear IFR flag
orm       ♯02b00h,st1         ; xf=1, hm=0, intm=1, ovm=1, sxm=1
orm       ♯020h, pmst         ; ovly=1
```

```
stm        ♯07fffh,swwsr    ; 7 wait states
```

功能：使中断无效(intm = 1)，内部 RAM 映射到程序/数据区(OVLY=1)，对程序和数据区均设置 7 个等待状态。其内部的 BOOT 程序需要读取先设置好 BOOT 表，此表位于数据空间中 0x8000～0xFFFFFH(共 32K)；因为，在 BOOT 时，已经置 DROM = 0 位，这样 0x8000～0xFFFFFH 映射外部使用。

BOOT 程序先读 I/O 空间的 0xFFFFFH 单元中的值 XXXX，并把 XXXX 作为数据空间中 BOOT 表的地址，然后判断 XXXX 单元值是 0x08AAH，或者是 0x10AAH。

本样例程序中，由于没有设计读 I/O 空间的 0xFFFFFH 单元地址，BOOTLOADER 程序将会读 DS 空间的 0xFFFF 单元值。本例中该值为 0x8000，在以 0x8000 为地址的单元中，FLASH BOOTLOADER 存放的是 0x10AAH。

五、实验内容及步骤

(1)实验箱 CPU 板上的拨码开关设置。

SW1 拨码开关见表 16-1。

表 16-1

码 位	备 注
2	ON
3	ON
4	OFF
5	ON

SW2 拨码开关见表 16-2。

表 16-2

码 位	备 注
1	ON

(2)底板拨码开关的设置。

将"液晶模块"拨码开关 S2 的拨码 2 置"ON"，跳线 J65 跳到右面，即"并行"。

(3)同样，系统上电，复位 CPU 板，观察液晶，在液晶上便可以看到开机画面；而后进入实验程序界面，在该 BOOTLOADER 程序中，出厂时设计了三个实验程序，可以通过键盘控制，完成这三个实验。

在实验程序中，目录 EXP14_boot\LCD 中，存放的是 BOOTLOADER 的原程序，可以通过 CSS 查看原程序；在目录 EXP14_boot\EEPROM 存放的是 EEPROM 所对应的 BOOT-LOADER 的制作必备工具，及 BOOTLOADER 的烧写文件和在制作该文件过程中产生的一些中间代码和 BOOTLOADER 的简单制作过程介绍；在目录 EXP14_boot\FLASH 中存放的是 FLASH 所对应的 BOOTLOADER 的制作必备工具，及烧写程序。

六、实验说明

1. 概述

实验箱上带的 FLASH 的 0X8000～0XFFFFH 地址空间映射到了 DSP 的数据空间地址 0X8000～0XFFFFH。

系统上电复位后如检测到 MP/MC＝0，则内部 4×16bit ROM 有效，程序自动跳转到 FF80 执行，并进行 DSP 的初始化设置。

下面是其初始化程序：

```
        . sect "boot"
boot
    ssbx        intm                ; 关掉所有中断
    ld          #0, dp
    stm         #0FFFFh,ifr         ; clear IFR flag
    orm         #02b00h,st1         ; xf=1, hm=0, intm=1, ovm=1, sxm=1
    orm         #020h,pmst          ; ovly=1
    stm         #07fffh, swwsr      ; 7 wait state
```

功能：使中断无效(intm＝1)，内部 RAM 映射到程序/数据区(OVLY＝1)，对程序和数据区均设置 7 个等待状态. 其内部的 BOOT 程序需要读取先设置好 boot 表，此表位于数据空间中 08000～0FFFFh(共 32K)，因为在 BOOT 时，已经置 DROM＝0 位，这样 8000H～FFFFH 映射外部用。BOOT 程序先读 I/O 空间的 FFFF 单元中的值 XXXX，并把 XXXX 作为数据空间中 BOOT 表的地址。然后判断 XXXX 单元值是不是 08AA，或者 10AA。

在该实验箱中设计的是 BOOTLOADER 程序会读 DS 空间的 FFFF 单元值。该单元的值被设为 8000。

因此，烧写 FLASH 时，要向 FLASH 的 FFFF 单元中写入 8000。这个 8000 是 EEPROM 或 FLASH 射到 DSP 的数据空间的地址，且程序代码装入的起始地址。

2. BOOTLOADER 的 BOOT 模式的判别流程

(1)首先，在自举加载前对其进行初始化，其中包括：使中断无效(INTM＝1)，内部 RAM 映射到程序/数据区(OVLY＝1)，对程序和数据区均设置 7 个等待状态等。

(2)检查 INT2，决定是否从 HPI 装载。主机接口(HPI)是利用 INT2 进行自举加载的。如果没有 INT2 信号，说明不是 HPI 加载。

(3)检查 INT3 决定是否进行串行 EEPROM 加载。如果 DSP 检测到 INT3 信号，则进行串行 EEPROM 加载，否则转到(4)。

(4)从 I/O 空间的 FFFFH 处读取源地址，如果是有效的地址，则进行并行加载；否则从数据空间的 FFFFH 处读取源地址，如果地址有效，也可进行并行加载；若两种情况都不是则转到(5)。

(5)初始化串口，置 XF 为低。若 MCBSP1 接收到一个数据，先检查是否是有效的关键字，若是则通过 MCBSP1 进行串口加载，否则检查 MCBSP0，其过程与 McBSP1 相同。

(6)检测 BIO 引脚是否为低，若为低，再检查是否为有效的关键字，若是则进行 I/O 加载，否则检测是否是有效的入口点，若是，则转入入口点，若都不是则跳到(5)，见图 16－1。

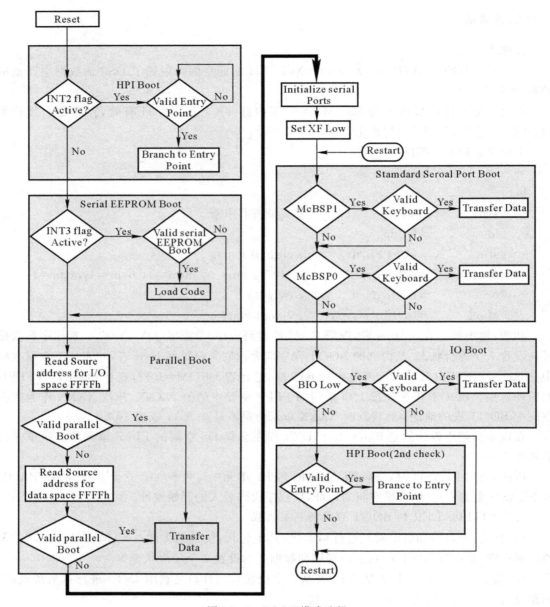

图 16-1　BOOT 模式选择

　　基于该实验箱的硬件资源，16 位 FLASH 的并行加载。当检测到不是串行 EEPROM 加载时，加载程序则转入并行加载方式。此时加载程序从并口（外部存储器）传输代码到程序空间。另外，程序也可自动配置 SWWSR（软件等待状态寄存器）和 BSCR（分区转换控寄存器），使之与不同加载方式相适应，从而使 DSP 能与不同速率的 EPROM 相连接。考虑到高速器件与低速器件的匹配问题，加载程序使用默认的 7 个等待周期。加载程序能从 I/O 空间的 0FFFFH 和数据空间的 0FFFFH 处获取代码的首地址。通常，从数据空间获取代码的首地址较方便。因为在数据空间不需要另扩 I/O 空间，同时又可增加电路改动的灵活性。对 5402 来说，自举表可以位于 4000H～FFFFH 处的任何位置。图 16-2 详细描述了并行加载过程。

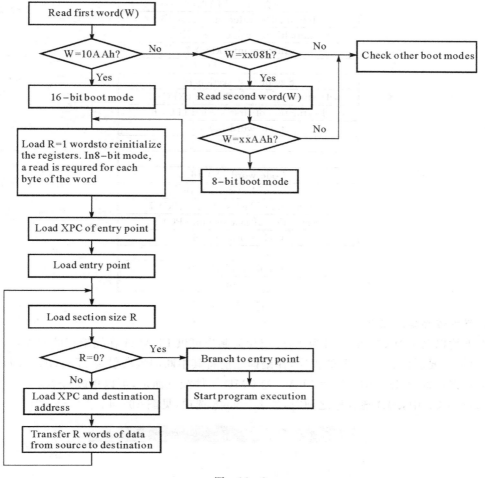

图 16-2

3. 自举表的生成

BOOT 程序检测到正确的并行 BOOT 地址后,自动跳转到从 DATA 空间 FFFF 取到地址(该实验为 8000),开始 BOOTLOADER 过程,把从 8000 开始的烧录到 EEPROM 中的代码称为自举表格式,如图 16-3 所示。

自举表的头部是关键字(08AA 或 10AA),加载程序就是根据它来判断是 16 位还是 8 位加载方式;接着的两个字是 SWWSR 和 BSCR 的值;第四和第五个字是程序代码执行的入口点(即加载以后程序执行的首地址);接着是第一段代码的长度以及它 BOOT 到内部 RAM 的目的地址;紧跟着是另一段代码;依次类推,最后是 0000H,这是自举表的结束标志(如为 8BIT EEPROOM,则高位在前,低位在后)。

该实验以 EXP14_boot\LCD 的源程序为例。链连器命令文件为 MAIN. cmd,生成的 COFF 文件为 LCD. out,最后生成的 INTEL 的十六进制文件为 LCD. hex,通过 CCS 编程把它在线烧到 FLASH 中。

08AAh or 10AAh
Initialtialize value of sweesr 16
Initialtialize value of BSCR 16
Entry point (XPC) 7
Entry point (PC)6
Size of first section 16
Destination of first section (XPC) 7
Destination of first section (PC) 6
Code word (1) 16
...
...
Code word (N) 16
Size of last section 16
Destination of last section (XPC) 7
Destination of last section (PC) 6
Code word (1) 16
...Code word (N) 16
0000h

图　16－3

4. 样例程序实验操作

以下均以名为"LCD"的项目为例,介绍如何制作可供 FLASH 在线编程的文件:

(1)将所要制作成 BOOT 的程序,在编译之前将其中断向量映射到 3F80(随 CMD 文件配置而定),寄存器 PMST 的值置为 3FA0(随 CMD 文件配置而定,可以更改)。

(2)在 CCS 中,编译该程序之前时,加上一v548 选项,见图 16－4。

图　16－4

打开 Project→Build Options→Compiler，

加入－v548(此处很关键)点击确定；

同时,在 Project→Build Options→Linker 中,见图 16 - 5,MAP FILENAME(- m) 后填入 lcd/debug/lcd. map,点击确定。

图 16 - 5

(3)进行编译(REBUILD ALL)。

(4)编译后产生了两个文件,一个是 LCD. MAP,一个 LCD. OUT,这两个文件存放在 exp14_boot\LCD\lcd\debug 文件夹下。

(5)用记事本编写一个 main. cmd 文件. 该文件对于 8 位并行和 16 位并行有一些不同,在文件夹 EXP14_boot 中的 EEPROM\BOOT 文件下和 FLASH\BOOT 文件夹下存有该文件,可供参照。

内容如下：

MAIN. CMD

lcd. out （. OUT 文件）

－i

－map lcd. map   （. MAP 文件）

－memwidth 16   （16 位并行加载时为 16,8 位并行加载时为 8）

－romwidth 16   （16 位并行加载时为 16,8 位并行加载时为 8）

－bootorg PARALLEL

－e 0x31C2   （程序运行的起始地址_c_int00）

－o lcd. hex

－boot

ROMS

```
{
    PAGE 0：
    ROM： origin＝0x0000,length＝0x8000
          fill＝0ffffh
}
```

程序运行的起始地址:将 LCD.OUT 加载以后,31C2 便是起始地址,如图 16－6 所示。

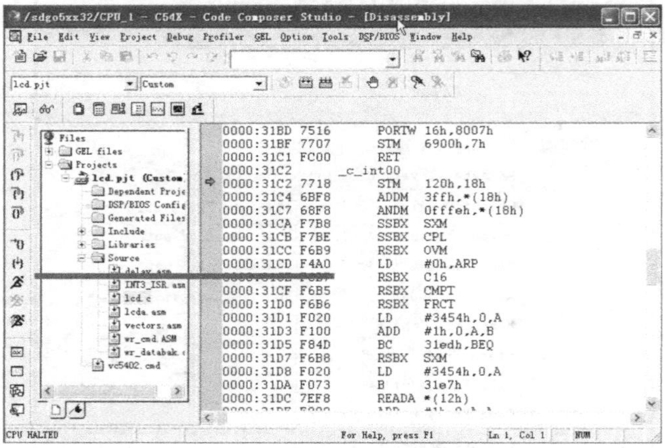

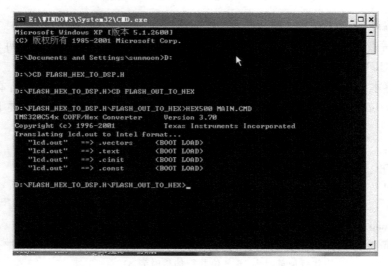

图　16－6

（6）将 MAIN.CMD,LCD.MAP,LCD.OUT 放在同一个文件夹中（本例中为文件夹 FLASH_OUT_TO_HEX）,进入 DOS 下运行 ,HEX500 MAIN.CMD 回车,见图 16－7。

图　16－7

（7）得到 LCD.HEX,见图 16－8。将 LCD.HEX 改名为 DSP.HEX,并且将该文件与 HEX_DAT.EXE 放在同一目录。运行程序 HEX_DAT.EXE（双击就可以运行）得到 DSP.H,见图 16－9。

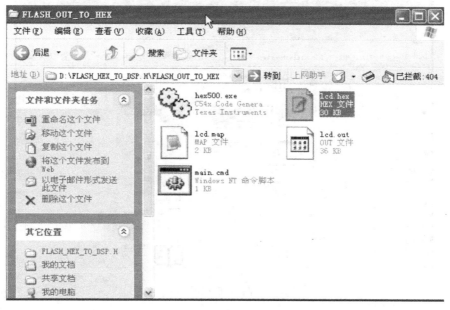

图　16－8

图　16－9

(8)将 DSP.H 文件复制到 Flashwrite 文件夹中,见图 16－10。

图 16-10

(9)烧写时 CPU 板上的拔码开关设置如下：

SW1 拔码开关见表 16-3。

表 16-3

码 位	备 注
2	ON
3	ON
4	OFF
5	OFF

SW2 拔码开关见表 16-4。

表 16-4

码 位	备 注
1	ON
2	ON
3	ON
4	无关

(10)用 CCS 打开 FLASH. PJT(注意：该文件不能放在有中文字的目录中，否则，将打不开)。加入两个断点，运行程序，执行到断点处，打开 VIEW→MEMORY 窗口，不断刷新直到数据变红，且为 0Xffff，见图 16-11。而后，运行程序直到第二个断点处，见图 16-12，可以看到数据已经烧写到 FLASH 中。

以上便是 TMS320VC5402 的 BOOTLOADER 烧写的过程。

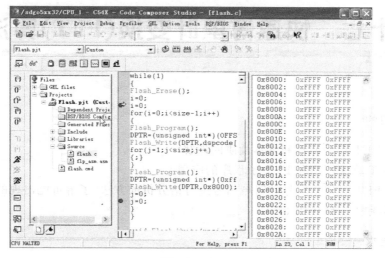

图 16-11

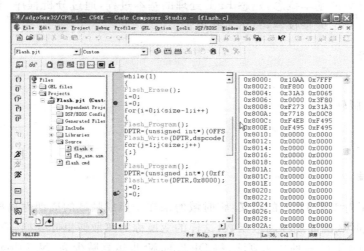

图 16-12

实验十七 快速傅里叶变换(FFT)算法实验

一、实验目的

1. 加深对 DFT 算法原理和基本性质的理解
2. 熟悉 FFT 算法原理和 FFT 子程序的应用
3. 学习用 FFT 对连续信号和时域信号进行谱分析的方法,了解可能出现的分析误差及其原因,以便在实际中正确应用 FFT

二、实验要求

认真阅读实验内容,严格按照实验步骤进行,在断电情况下正确连接各模块。了解数字信号处理中时-频分析的基本概念,熟悉 FFT 处理的基本过程,通过分析程序,掌握 DSP 芯片实现 FFT 的基本方法。爱护仪器,写出实验报告。

三、实验设备

1. 计算机
2. CCS 3.3 版软件
3. 实验箱
4. DSP 仿真器

四、基本原理

(1)离散傅里叶变换 DFT 的定义:将时域的采样变换成频域的周期性离散函数,频域的采样也可以变换成时域的周期性离散函数,这样的变换称为离散傅里叶变换,简称 DFT。

(2)FFT 是 DFT 的一种快速算法,将 DFT 的 N^2 步运算减少为 $(N/2)\log_2 N$ 步,极大地提高了运算的速度。

(3)旋转因子的变化规律。

(4)蝶形运算规律。

(5)基于 2FFT 算法。

五、实验内容及步骤

1. 实验步骤

(1)复习 DFT 的定义、性质和用 DFT 作谱分析的有关内容。

(2)复习 FFT 算法原理与编程思想,并对照 DIT-FFT 运算流程图和程序框图,了解本实验提供的 FFT 子程序。

(3)阅读本实验所提供的样例子程序。

(4)运行 CCS 软件,对样例程序进行跟踪,分析结果;记录必要的参数。

(5)填写实验报告。

2.提供样例程序实验操作说明

(1)实验前准备。

1)启动 CCS 3.3,并打开"ALGORITHM\EXP01_fft\exp01.pjt"工程文件。

2)"A/D 转换单元"的拨码开关设置。

JP3 拨码开关见表 17-1。

表　17-1

码　　位	备　　注
1	OFF
2	OFF
3	ON
4	OFF
5	OFF
6	ON

SW2 拨码开关见表 17-2。

表　17-2

SW2				备　　注
1	2	3	4	码位
OFF	OFF	OFF	OFF	使用默认中断分配

S23 拨码开关见表 17-3。

表　17-3

码　　位	备　　注
1	OFF
2	OFF

3)用导线连接"信号源"2 号孔"信号源 1"和"A/D 单元"2 号孔"ADIN1",模拟信号源左路调到 3 V,9 kHz 左右,正弦波。

正确完成计算机、DSP 仿真器和实验箱的连接后,系统上电。

(2)实验。

启动 CCS 3.3,用 Project→Open 打开"Algorithm"目录中"exp01_fft"子目录下"exp01.pjt"工程文件;双击"exp01.pjt"及"Source"可查看各源程序;加载"exp01.out";在中断子程序中,t=0 处设置断点;单击"Run"运行程序,程序将运行至断点处停止,见图 17-1。

用 View→Graph→Time→Frequency 打开一个图形观察窗口;设置该观察图形窗口变量

及参数;采用双踪观察起始地址分别为 0x1f00h 和 0x1f80h,长度为 128 的单元中数值的变化,数值类型为 16 位有符号整型变量,这两段存储单元中分别存放的是经 A/D 转换后的语音信号和对该信号进行 FFT 变换的结果,见图 17-2。

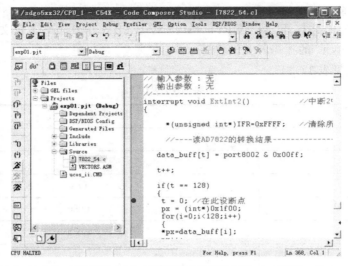

图 17-1

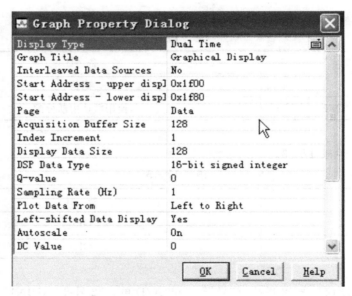

图 17-2

单击"Animate"运行程序,或按 F10 运行;调整观察窗口并观察输入信号波形及其 FFT 变换结果,见图 17-3。单击"Halt"暂停程序运行,关闭窗口,本实验结束。

实验结果:在 CCS 3.3 环境,同步观察输入的语音信号的波形及其 FFT 变换结果。

六、程序参数说明

(1)void kfft(pr,pi,n,k,fr,fi,l,il):基 2 快速傅里叶变换子程序,n 为变换点数,应满足 2

的整数次幂,k 为幂次(正整数)。

(2)数组 x :输入信号数组,A/D 转换数据存放于地址为 1f00H～1f7fH 存储器中,转为浮点型后,生成 x 数组,长度 128。

(3)数组 mo:FFT 变换数组,长度 128,浮点型,整型后,写入 1f80H～1fffH 存储器中。

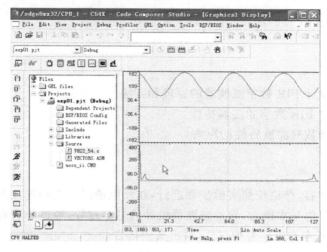

图　17 - 3

七、子程序流程图

子程序流程图见图 17 - 4。

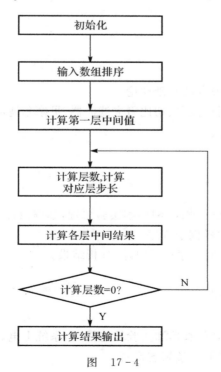

图　17 - 4

实验十八　有限冲击响应滤波器(FIR)算法实验

一、实验目的

1. 用窗函数法设计 FIR 数字滤波器的原理和方法
2. 熟悉线性相位 FIR 数字滤波器特性
3. 了解各种窗函数对滤波特性的影响

二、实验要求

认真阅读实验内容,严格按照实验步骤进行,在断电情况下正确连接各模块。了解数字信号处理中数字滤波器的基本概念,熟悉滤波器设计的基本过程,通过分析程序,掌握 DSP 芯片实现 FIR 滤波器的基本方法。爱护仪器,写出实验报告。

三、实验设备

1. 计算机
2. CCS 3.3 版软件
3. 实验箱
4. DSP 仿真器

四、实验原理

1. 有限冲击响应数字滤波器的基础理论
2. 滤波器原理(巴特沃斯滤波器、切比雪夫滤波器、贝塞尔滤波器)
3. 滤波器系数的确定方法

五、实验内容及步骤

1. 实验步骤
(1)复习如何设计 FIR 数字滤波;阅读本实验原理,掌握设计步骤。
(2)阅读本实验所提供的样例子程序。
(3)运行 CCS 软件,对样例程序进行跟踪,分析结果。
(4)填写实验报告。
2. 样例程序实验操作说明
(1)实验前准备
1) 正确完成计算机、DSP 仿真器和实验箱连接后,系统上电。
2)置下列拨码开关,其他开关按缺省设置。
拨码开关设置如下:

JP3 拨码开关见表 18 - 1。

表 18 - 1

码　位	备　注
1	OFF
2	OFF
3	ON
4	OFF
5	OFF
6	ON

SW2 拨码开关见表 18 - 2。

表 18 - 2

SW2				备　注
1	2	3	4	码位
OFF	OFF	OFF	OFF	使用默认中断分配

S23 拨码开关见表 18 - 3。

表 18 - 3

码　位	备　注
1	ON

3)置拨码开关 S23 的 1 到 OFF,用示波器分别观测模拟信号源单元的 2 号孔"信号源 1"和"信号源 2"输出的模拟信号,分别调节信号波形选择、信号频率、信号输出幅值等旋钮,直至满意,置拨码开关 S23 的 1 到 ON,两信号混频输出。

本样例实验程序建议:①采用两路正弦波信号的混叠信号作为输入信号;②低频正弦波信号:幅值 5V,频率小于 20 kHz;③频正弦波信号:幅值 2.5V,频率大于 70 kHz;④可在 2 号孔"信号源 1"点用示波器观察混叠信号。

4)用导线连接"信号源"2 号孔"信号源 1"和"A/D 单元"2 号孔"ADIN1"。

(2)实验

1)启动 CCS 3.3,用 Project→Open 打开"Algorithm"目录中"Exp02_fir"子目录下"Exp - FIR - AD. pjt"工程文件;双击"Exp - FIR - AD. pjt"及"Source"可查看各源程序;加载"Exp - FIR - AD. out";在主程序中,在 flag = 0 处设置断点;单击"Run"运行程序,程序将运行至断点处停止,见图 18 - 1。

2)用 View→Graph→Time→Frequency 打开一个图形观察窗口;设置观察图形窗口变量及参数:采用双踪观察起始地址分别为 x 和 y,长度为 256 的单元中数值的变化,数值类型为 32 位浮点型变量,这两个数组中分别存放的是经 A/D 转换后的输入混叠信号(输入信号)和对该信号进行 FIR 滤波的结果,见图 18-2。

图　18-1

图　18-2

3)单击"Animate"运行程序,或按 F10 运行程序;调整观察窗口并观察滤波结果,见图 18-3。

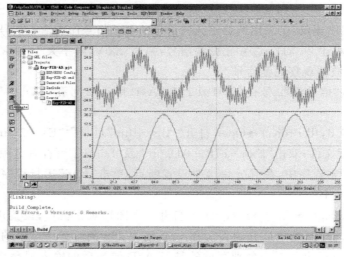

图　18-3

4)单击"Halt"暂停程序运行,激活"Exp‐FIR‐AD.c"的编辑窗口,见图18‐4。

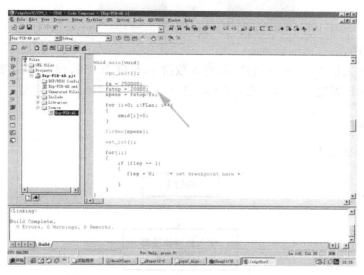

图 18‐4

实验程序说明:该程序为51阶FIR低通滤波器算法程序,采用矩形窗函数实现,数组h和xmid长度均为51,fs为采样频率,fstop为滤波器截止频率,可修改以上参数改变滤波器性能。

重新"Rebuild All"后,重新加载,单击"Animate",可得到不同的实验结果。

实验结果:在CCS 3.3环境中,同步观察输入信号及其FIR低通滤波结果。

六、思考题

(1)如果给定通带截止频率和阻带截止频率以及阻带最小衰减,如何用窗函数法设计线性相位低通滤波器? 写出设计步骤。

(2)定性说明本实验中,3 dB截止频率的理论值在什么位置? 是否等于理想低通的截止频率?

(3)如果要求用窗函数法设计带通滤波器,且给定上、下边带截止频率,试求理论带通的单位脉冲响应。

七、实验报告要求

(1)简述实验目的及理论。

(2)自己设计一串数据应用样例子程序,进行滤波。

(3)总结设计FIR滤波器的主要步骤。

(4)描绘出输入、输出数组的曲线。

八、FIR 程序参数说明

系统函数
$$H(z) = \sum_{k=0}^{M} b_k Z^{-k}$$

对应的常系数线性差分方程：

$$y(n) = \sum_{k=0}^{M} b_k x(n-k)$$

程序参数说明：

输入信号：输入信号经 A/D 转换后，写入数组 x，长度为 256，32 位浮点型；

输出信号：FIR 低通滤波器输出，写入数组 y，长度为 256，32 位浮点型。

九、程序流程图

程序流程图，见图 18-5。

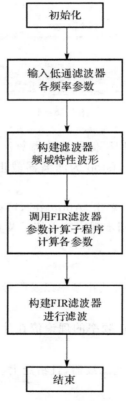

图 18-5　程序流程图

实验十九　无限冲击响应滤波器(IIR)算法实验

一、实验目的

1. 设计 IIR 数字滤波器的原理与方法
2. 掌握数字滤波器的计算机仿真方法
3. 观察对实际信号的滤波作用,获得对数字滤波的感性认识

二、实验要求

认真阅读实验内容,严格按照实验步骤进行,在断电情况下正确连接各模块。了解数字信号处理中数字滤波器的基本概念,熟悉滤波器设计的基本过程,通过分析程序,掌握 DSP 芯片实现 IIR 滤波器的基本方法。爱护仪器,写出实验报告。

三、实验设备

1. 计算机
2. CCS 3.3 版软件
3. 实验箱
4. DSP 仿真器

四、实验原理

1. 无限冲击响应数字滤波器的基础理论
2. 模拟滤波器原理(巴特沃斯滤波器、切比雪夫滤波器、贝塞尔滤波器)
3. 双线性变换的设计原理

五、实验内容及步骤

1. 实验步骤
(1)复习有关巴特沃斯滤波器设计和用双线性变换法设计 IIR 数字滤波器的知识。
(2)阅读本实验所提供的样例子程序。
(3)运行 CCS 软件,对样例程序进行跟踪,分析结果。
(4)填写实验报告。
2. 样例程序实验操作说明
(1)实验前准备。
1)正确完成计算机、DSP 仿真器和实验箱连接后,系统上电。
2)设置下列拨码开关,其他开关按缺省设置。
3)"A/D 转换单元"的拨码开关设置。

拨码开关设置如下：

JP3 拨码开关见表 19－1。

表 19－1

码　位	备　注
1	OFF
2	OFF
3	ON
4	OFF
5	OFF
6	ON

SW2 拨码开关见表 19－2。

表 19－2

SW2				备　注
1	2	3	4	码位
OFF	OFF	OFF	OFF	使用默认中断分配

S23 拨码开关见表 19－3。

表 19－3

码　位	备　注
1	ON

4）置拨码开关 S23 的 1 到 OFF，用示波器分别观测模拟信号源单元的 2 号孔"信号源 1"和"信号源 2"输出的模拟信号，分别调节信号波形选择、信号频率、信号输出幅值等旋钮，直至满意，置拨码开关 S23 的 1 到 ON，两信号混频输出；

本样例实验程序建议：①采用两路正弦波信号的混叠信号作为输入信号；②低频正弦波信号：幅值 5 V，频率小于 20 kHz；③高频正弦波信号：幅值 2.5 V，频率大于 70 kHz；④可在 2 号孔"信号源 1"点用示波器观察混叠信号。

5）用导线连接"信号源"2 号孔"信号源 1"和"A/D 单元"2 号孔"ADIN1"。

（2）实验。

1）启动 CCS 3.3，用 Project→Open 打开"Algorithm"目录中"Exp03_iir"子目录下"Exp-IIR-AD.pjt"工程文件；双击"Exp-IIR-AD.pjt"及"Source"可查看各源程序；加载"Exp-IIR-AD.out"；在主程序中，在 flag＝0 处设置断点；单击"Run"运行程序，程序将运行至断点处停止，见图 19－1。

2）用 View→Graph→Time→Frequency 打开一个图形观察窗口；采用双踪观察起始地址分别为 x 和 y，长度为 256 的单元中数值的变化，数值类型为 32 位浮点型变量，这两个数组分别存放的是经 A/D 转换的混叠信号和对该信号进行 IIR 低通滤波后的输出信号，见图19－2。

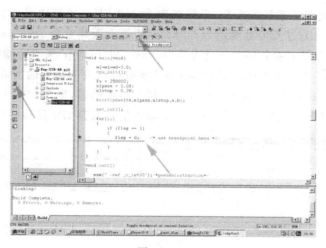

图　19－1

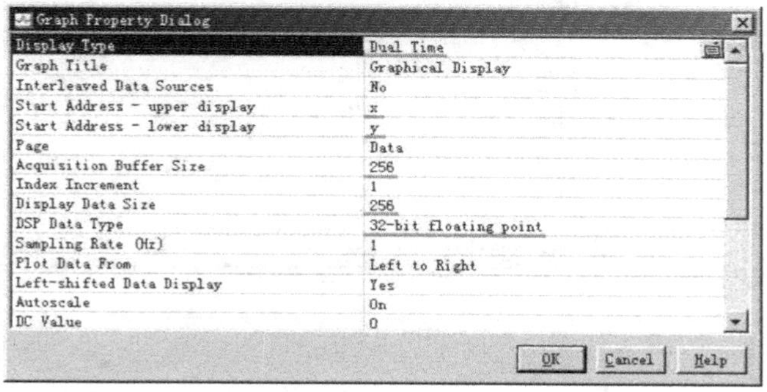

图　19－2

3)单击"Animate"运行程序,或按 F10 运行程序;调整观察窗口,并观察滤波结果;单击"Halt"暂停程序运行,激活"ExpIIR. c"的编辑窗口,见图 19－3。

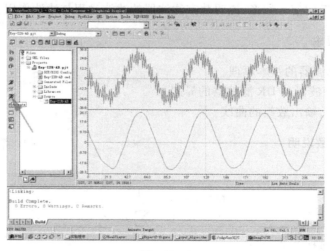

图　19－3

该 IIR 低通滤波器滤波性能参数：采样频率为 250 kHz，通带内最大允许衰减 3 dB，阻带内最小衰减大于 30 dB，过渡带宽度约为 50 kHz；通带上限频率为 20 kHz；阻带下限截止频率为 70 kHz。可以修改以上参数的归一化参数"nlpass"和"nlstop"来改变滤波器性能。

修改"ExpIIR. c"程序中"nlpass"和"nlstop"参数可改变 IIR 低通滤波器的滤波性能。重新"Rebuild All"后，加载，单击"Animate"，可得到不同的结果，见图 19 - 4。

实验结果：在 CCS 2. 3. 3 环境下，同步观察输入信号及其 IIR 低通滤波结果。

图　19 - 4

六、思考题

(1)试述用双线性变换法设计数字滤波器的过程。

(2)实验中，计算每个二阶滤波器的输出序列时，如何确定计算点数？

(3)对滤波前、后的信号波形，说明数字滤波器的滤波过程与滤波作用。

七、实验报告要求

(1)简述 IIR 滤波器的基本原理。

(2)对比 FIR 滤波器与 IIR 滤波器的异同。

(3)描绘出输入、输出数组的曲线。

八、IIR 程序参数说明

系统函数：

$$H(z) = \frac{1}{1 - \sum_{k=1}^{N} a_k z^{-k}}$$

对应的常系数线性差分方程：

$$y(n) = x(n) + \sum_{k=0}^{N} a_k y(n-k)$$

程序参数说明：

void biir2lpdes(double fs，double nlpass，double nlstop，double a[]，double b[])：

IIR 低通滤波器参数设计子程序参数说明：

fs：采样频率；

nlpass：通带上限频率归一化参数；

nlstop：阻带下限截止频率归一化参数；

设置时，采样频率对应为 1，应使"nlpass"和"nlstop"两参数均要小于 0.5，且"nlpass"要比"nlstop"小 0.2，否则，将不能满足阻带的最大衰减大于 30 dB。

数组 a：存放 IIR 低通滤波器传递函数的极点计算结果，浮点型；

数组 b：存放 IIR 低通滤波器传递函数的零点计算结果，浮点型；

输入信号：输入信号经 A/D 转换后，写入数组 x，长度为 256，32 位浮点型；

输出信号：滤波后信号，写入数组 y，长度为 256，32 位浮点型。

九、子程序流程图

子程序流程图如图 19－5 所示。

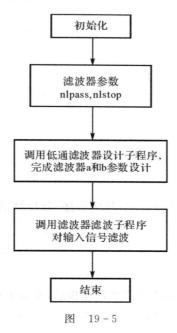

图　19－5

实验二十　卷积(Convolve)算法实验

一、实验目的

1. 掌握卷积算法的原理
2. 掌握在 CCS 环境下,TMS320 程序编写、编译和调试程序的方法

二、实验要求

认真阅读实验内容,严格按照实验步骤进行,在断电情况下正确连接各模块。了解数字信号处理中卷积的基本概念,熟悉卷积算法的计算过程,通过分析程序,掌握 DSP 芯片实现卷积算法的基本方法。爱护仪器,写出实验报告。

三、实验设备

1. 计算机
2. CCS 3.3 版软件
3. 实验箱
4. DSP 仿真器

四、实验内容及步骤

1. 实验步骤

(1)熟悉卷积的基本原理。

(2)阅读所提供的样例实验程序,运行样例程序,分析结果。

(3)填写实验报告。

2. 样例子程序操作说明

(1)实验前准备。

1)正确完成计算机、DSP 仿真器和实验箱连接后,系统上电。

2)设置下列拨码开关,其他开关按缺省设置。

3)"A/D 转换单元"的拨码开关设置。

拨码开关设置如下:

JP3 拨码开关见表 20-1。

表 20-1

码 位	备 注
1	OFF
2	OFF
3	ON
4	OFF
5	OFF
6	ON

SW2 拨码开关见表 20-2。

表 20-2

SW2				备 注
1	2	3	4	码位
OFF	OFF	OFF	OFF	使用默认中断分配

S23 拨码开关见表 20-3。

表 20-3

码 位	备 注
1	OFF
2	OFF

4)用导线连接"信号源"2 号孔"信号源 1"和"A/D 单元"2 号孔"ADIN1",模拟信号源左路调到 3 V,9 kHz 左右,正弦波。

(2)实验。

1)启动 CCS 3.3,用 Project→Open 打开"Algorithm"目录中"exp04_ Convolve"子目录下"Exp-CONV-AD. pjt"工程文件;双击"Exp-CONV-AD. pjt"及"Source"可查看各源程序;加载"Exp-CONV-AD. out";在主程序中,在 t++ 及 flag = 0 处分别设置断点;单击"Run"运行程序,程序将运行至第一个断点处停止,见图 20-1。

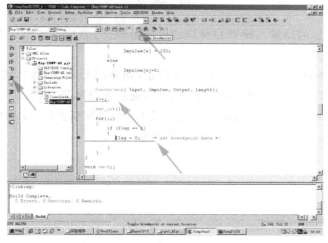

图 20-1

2)用 View→Graph→Time→Frequency 打开图形观察窗口,设置观察图形窗口变量及参数。采用双踪观察两路输入变量 Input 及 Impulse 的波形,波形长度为 128,数值类型为 32 位浮点型,见图 20-2。

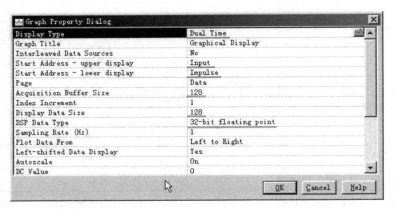

图 20-2

3)再打开一个图形观察窗口,以观察卷积结果波形;该观察窗口的参数设置,变量为 Output,长度为 256,数据类型为 32 位浮点数,见图 20-3。

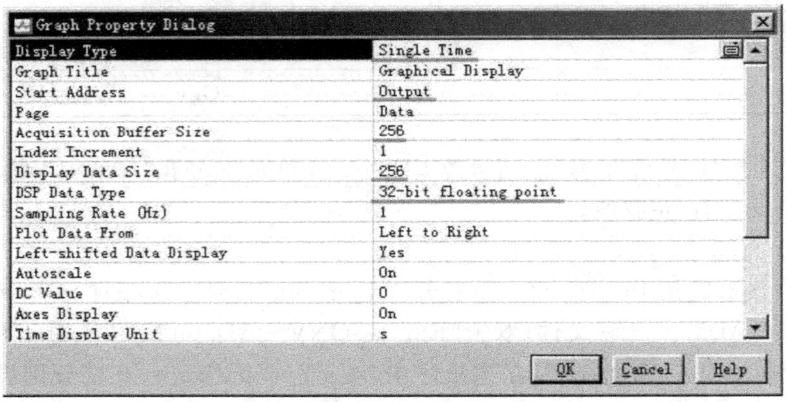

图 20-3

4)观察窗口,观察两路输入波形和卷积结果波形;这两路输入波形由程序产生,并对这两个信号进行卷积,见图 20-4。

5)单击"Run",程序运行至第二个断点处停止,调整图形观察窗口,该部分实验采用实验箱的信号源产生的信号作为卷积的两个输入信号,观察卷积结果,见图 20-5。

6)单击"Animate"运行程序,或按 F10 运行程序;调整观察窗口,并观察卷积结果;改变输入信号的波形、频率、幅值,观察卷积结果;实验结束。

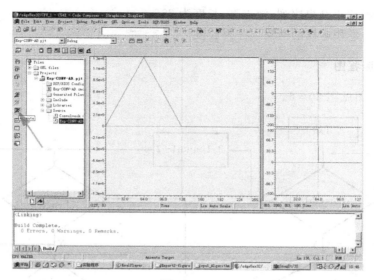

图　20－4

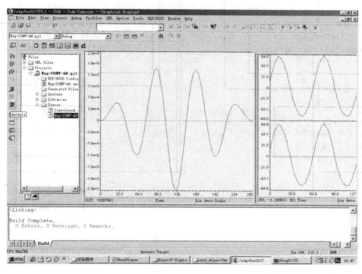

图　20－5

五、Convolve 子程序

(1)时域表达式：

$$y(n) = \sum_{m=0}^{n} h(m)x(n-m), \quad n=0,1,\cdots,L-1;$$

(2)程序参数说明：void Convolveok(Input，Impulse，Output，Length)两序列卷积子程序；

Input：原始输入数据序列，浮点型，长度为 128；

Impulse：冲击响应序列，浮点型，长度为 128；

Output:卷积输出结果序列,浮点型,长度为 256;

Length:参与卷积运算的两输入序列长度。

六、子程序流程图

子程序流程图见图 20 - 6。

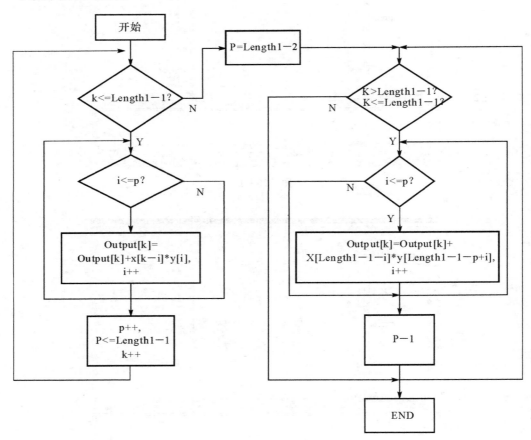

图　20 - 6

实验二十一　离散余弦变换(DCT)算法实验

一、实验目的

1.学习 DCT 算法并在 DSP 平台中实现

2.掌握数据压缩的基本原理

二、实验要求

认真阅读实验内容,严格按照实验步骤进行,在断电情况下正确连接各模块。了解数字信号处理中离散余弦变换的基本概念,熟悉实现 DCT 的基本运算过程,通过分析程序,掌握DSP 芯片实现 DCT 滤波器的基本方法。爱护仪器,写出实验报告。

三、实验设备

1.计算机

2.CCS 3.3 版软件

3.实验箱

4.DSP 仿真器

四、实验原理

离散余弦变换与离散傅里叶变换紧密相关的,属于正弦类正交变换,由于其优良的去冗余性能及高效快速算法的可实现性,被广泛用于语音及图像的有损和无损压缩。在开始实验之前,应了解以下基本原理。

(1)语音或图像的压缩手段。

(2)DCT 变换在数据压缩中的作用与应用。

五、实验内容及步骤

1.阅读本实验所提供的样例子程序

2.运行样例程序,分析结果

3.样例程序实验操作说明

(1)实验前准备。

1)正确完成计算机、DSP 仿真器和实验箱连接后,系统上电;

2)设置下列拨码开关,其他开关按缺省设置。

拨码开关设置如下:

JP3 拨码开关见表 21-1。

表 21-1

码 位	备 注
1	OFF
2	OFF
3	ON
4	OFF
5	OFF
6	ON

SW2 拨码开关见表 21-2。

表 21-2

SW2				备 注
1	2	3	4	码位
OFF	OFF	OFF	OFF	使用默认中断分配

S23 拨码开关见表 21-3。

表 21-3

码 位	备 注
1	OFF
2	OFF

3)用导线连接"信号源"2 号孔"信号源 1"和"A/D 单元"2 号孔"ADIN1",模拟信号源左路调到 3 V,9 kHz 左右,正弦波。

(3)实验。

1)启动 CCS 3.3,用 Project→Open 打开"Algorithm"目录中"exp05_dct"子目录下"Exp-DCT-AD.pjt"工程文件;双击"Exp-DCT-AD.pjt"及"Source"可查看各源程序;加载"Exp-DCT-AD.out";在主程序中,在 flag = 0 处设置断点;单击"Run"运行程序,程序将运行至断点处停止,见图 21-1。

图 21-1

2)用 View→Graph→Time→Frequency 打开两个图形观察窗口;采用双踪观察起始地址分别为 x 和 y,长度为 128 的单元中数值的变化,数值类型为 32 位浮点型,这两个数组分别存放的是经 A/D 转换的输入信号和对该信号进行 DCT 变换的结果,见图 21-2。

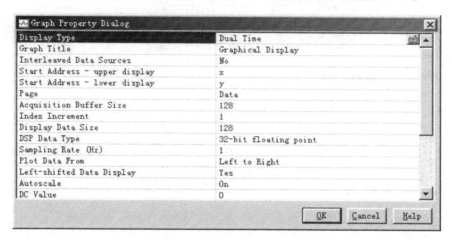

图 21-2

3)再打开一个图形观察窗口,设置观察变量为 z;变量 z 为输入信号的 DCT 变换及逆DCT 变换的结果,长度 128,32 位浮点型,即输入信号的重构信号,见图 21-3。

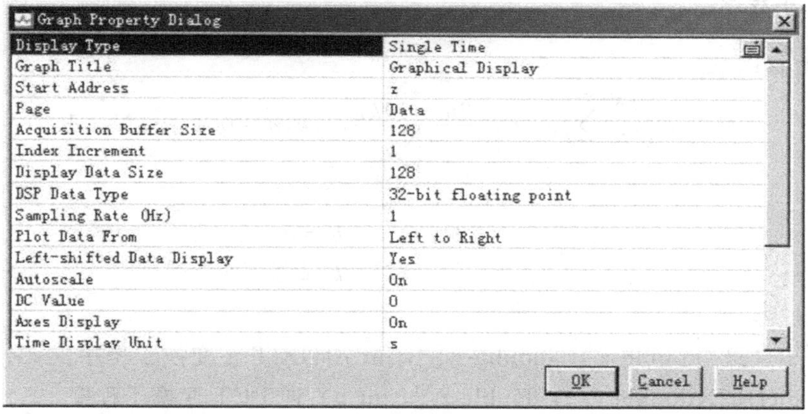

图 21-3

4)调整各图形观察窗口,观察正变换与逆变换结果。

5)单击"Animate"运行程序,调整各图形观察窗口,动态观察变换结果;改变输入信号的波形、频率、幅值,动态观察变换结果,见图 21-4。

6)单击"Halt"暂停程序运行,关闭窗口,实验结束。

实验结果:在 CCS 3.3 环境,同步观察输入信号及其 DCT 变换结果。

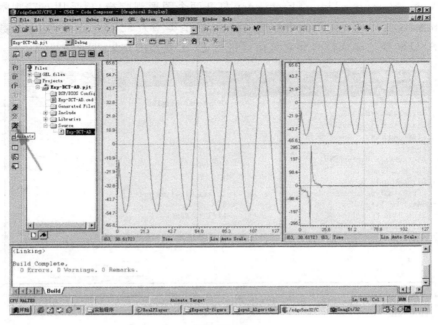

图 21-4

六、DCT 子程序

1. 变换的核函数

$$C_{k,n} = \sqrt{\frac{2}{N}} \sum_{n=0}^{N-1} g_k \cos \frac{(2n+1)k\pi}{2N}, \quad k,n = 0,1,\cdots,N-1$$

式中

$$g_k = \begin{cases} 1/\sqrt{2}, & k = 0 \\ 1, & k \neq 0 \end{cases}$$

2. 程序说明：

(1) void dct1c2 (double x[], double y[], int n)：DCT 正变换子程序。

(2) void idct1c2 (double y[], double z[], int n)：逆 DCT 变换子程序。

(3) 两子程序中,各参数：

数组 x：输入信号经 A/D 转换后,转为浮点型后,生成 x 数组,长度为 128；

数组 y：DCT 正变换输出信号数组,也是逆 DCT 变换输入数组,浮点型,长度为 128；

数组 z：逆 DCT 变换输出信号数组,即重构信号,浮点型,长度为 128。

七、程序流程图(DCT)

程序流程图(DCT)见图 21-5。

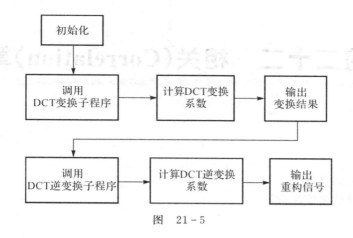

图 21-5

实验二十二　相关(Correlation)算法

一、实验目的

1.学习相关的概念
2.学习相关算法的实现方法

二、实验要求

认真阅读实验内容,严格按照实验步骤进行,在断电情况下正确连接各模块。了解数字信号处理中相关的基本概念,熟悉相关算法的计算过程,通过分析程序,掌握 DSP 芯片实现相关算法的基本方法。爱护仪器,写出实验报告。

三、实验设备

1.计算机
2.CCS 3.3 版软件
3.实验箱
4.DSP 仿真器

四、实验原理

1.概率论中相关的概念
2.随机信号相关函数的估计

五、实验内容及步骤

1.熟悉基本原理,阅读实验提供的程序
2.运行 CCS,记录相关系数
3.填写实验报告
4.实验程序操作说明
(1)实验前准备。
1)正确完成计算机、DSP 仿真器和实验箱连接后,系统上电。
2)设置下列拨码开关,其他开关按缺省设置。
拨码开关设置:
JP3 拨码开关见表 22 - 1。

表 22-1

码 位	备 注
1	OFF
2	OFF
3	ON
4	OFF
5	OFF
6	ON

SW2 拨码开关见表 22-2。

表 22-2

SW2				备 注
1	2	3	4	码位
OFF	OFF	OFF	OFF	使用默认中断分配

S23 拨码开关见表 22-3。

表 22-3

码 位	备 注
1	OFF
2	OFF

3)用导线连接"信号源"2 号孔"信号源 1"和"A/D 单元"2 号孔"ADIN1",模拟信号源左路调到 3 V,9 kHz 左右,正弦波。

(2)实验。

1)启动 CCS 3.3,用 Project→Open 打开"Algorithm"目录中"exp06_Correlation"子目录下"Exp-COR-AD.pjt"工程文件;双击"Exp-COR-AD.pjt"及"Source"可查看各源程序;加载"Exp-COR-AD.out";在主程序中,在 i++ 及 flag = 0 处分别设置断点;单击"Run"运行程序,程序将运行至第一个断点处停止,见图 22-1。

图 22-1

2）用 View→Graph→Time→Frequency 打开一个图形观察窗口。采用双踪观察变量 x 及 y 的波形，长度为 128，数值类型为 32 位浮点型，见图 22-2。此时，这两个信号由程序产生。

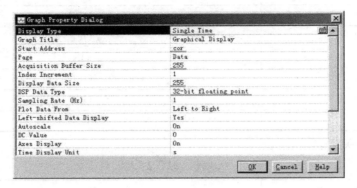

图　22-2

3）再打开一个图形观察窗口，以观察变量 x 与 y 相关运算的结果。该观察窗口的参数设置：变量为 cor，长度为 255，数据类型为 32 位浮点数，见图 22-3。

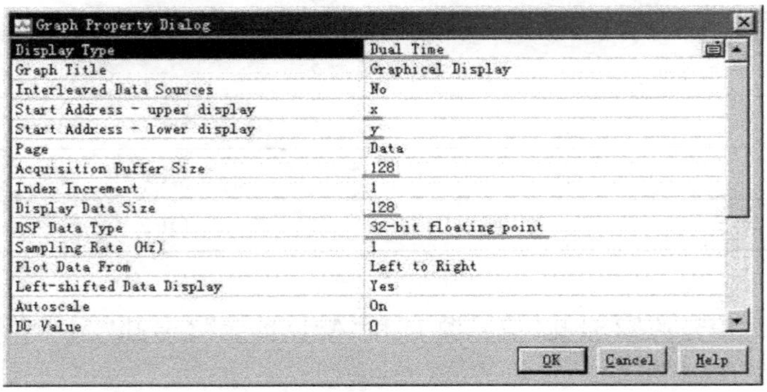

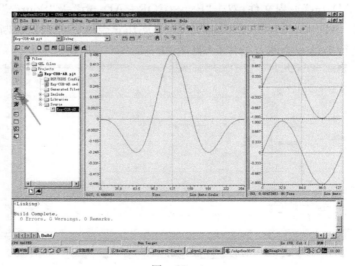

图　22-3

4）调整图形观察窗口，观察两路输入信号相关运算的结果，见图 22-4。

图　22-4

5)单击"Run",程序运行至第二个断点处停止,此时,两路输入信号由信号源单元产生,成自相关运算,见图 22 - 5。

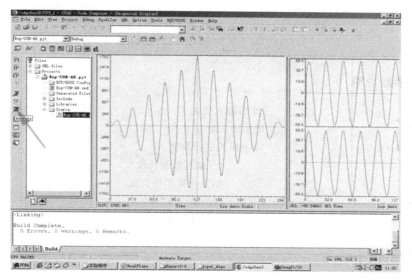

图　22 - 5

6)单击"Animate"运行程序,调整各图形观察窗口,动态观察自相关运算的结果;改变输入信号的波形、频率、幅值,动态观察结果,见图 22 - 6。

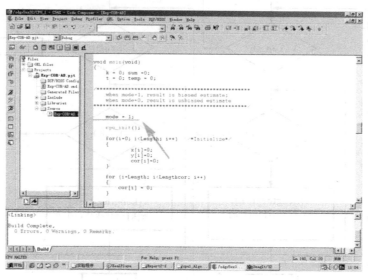

图　22 - 6

7)程序中,mode 可赋 0 或 1,赋 0 时,完成相关函数无偏估计的计算;赋 1 时,完成相关函数有偏估计的计算;x 和 y 为参与相关运算的两路信号,当 x = y 时,完成自相关函数的计算,而当 x ≠y 时,完成互相关函数的计算。修改以上参数,进行"Rebuild All",并重新加载程序,运行程序可以得到不同的实验结果。

8)关闭工程文件,关闭各窗口,实验结束。

六、相关算法

时域表达式：

$$R(l) = \sum_{n=l}^{N-1-|l|} s_1(n+l)\, s_2(n)$$

七、程序参数说明

x[Length]	//原始输入数据 A
y[Length]	//原始输入数据 B
cor[Lengthcor]	// 相关估计数值
Length	//输入数据长度
Lengthcor	//相关计算结果长度
mode = 0	//无偏估计
mode = 1	//有偏估计

八、程序流程图

程序流程图见图 22 - 7。

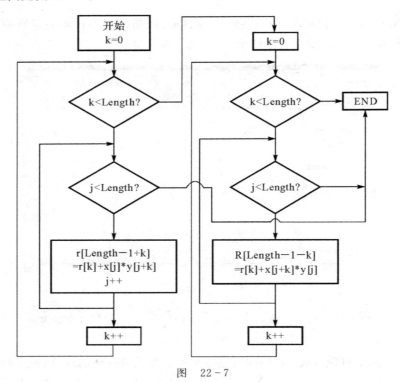

图　22 - 7

实验二十三 μ_LAW 算法

一、实验目的

1. 学习 μ_LAW 的基本原理、压扩特性、编码和解码方法
2. 学习 μ_LAW 算法在 DSP 上的实现方法

二、实验要求

认真阅读实验内容,严格按照实验步骤进行,在断电情况下正确连接各模块。了解通信过程中 μ_LAW 算法的基本概念,熟悉实现 μ_LAW 的基本运算过程,通过分析程序,掌握 DSP 芯片实现 μ_LAW 的基本方法。爱护仪器,写出实验报告。

三、实验设备

1. 计算机
2. CCS 3.3 版软件
3. 实验箱
4. DSP 仿真器、音频线、音源

四、基础理论

在电话通信中,语音信号通常表现为三个要素:音调、音强、音色。人耳对 $25\sim22\,000$ Hz 的声音有反应。谈话时,大部分有用和可理解信息的能量在 $200\sim3\,500$ Hz 之间,因此,电信传输线路上使用带通滤波器,典型的电话信道带宽为 3 kHz(即 $300\sim3\,300$ Hz)。根据 Nyquist 准则,最小的采样频率应该是 $6\,600$ Hz。实际中,采样频率为 8 kHz。

μ 律的处理过程:压缩和扩张,压缩是指在发送端对输入信号进行压缩处理,再均匀量化,相当于非均匀量化;扩张是在接收端进行相应的扩张处理,以恢复原始信号。原理图见图 23 - 1。

目前国际上,常采用 A 律 13 折线压扩特性或 μ 律 15 折线的压扩特性。我国采用 A 律 13 折线压扩特性。采用 13 折线压扩特性后,小信号的量化信噪比改善量可达 24 dB,这是靠牺牲大信号量化信噪比(亏损 12 dB)换来的。μ 律的压缩特性方程为

$$F(x)=\mathrm{sgn}(x)\ln(1+\mu|x|)/\ln(1+\mu),\quad 1\leqslant x\leqslant1$$

其中:
$$\mu=255$$

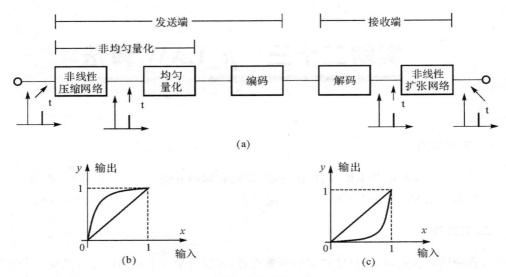

图 23 - 1　音频信号非均匀量化

(a)非均匀量化方框图；　(b)压缩特性；　(c)扩张特性

压缩特性曲线见图 23 - 2。

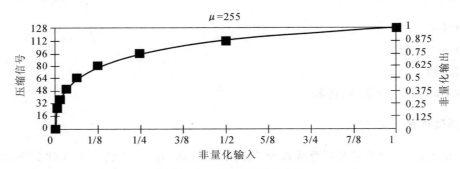

图 23 - 2　μ 律压缩特性曲线

经过压缩的采样信号，按 8 位二进制进行编码，编码表见表 23 - 1。

表　23 - 1

二进制输入														编码						
														代码			级别			
bit:	12	11	10	9	8	7	6	5	4	3	2	1	0	bit:	6	5	4	3	2	1	0
	0	0	0	0	0	0	0	1	a	b	c	d	×		0	0	0	a	b	c	d
	0	0	0	0	0	0	1	a	b	c	d	×	×		0	0	1	a	b	c	d
	0	0	0	0	0	1	a	b	c	d	×	×	×		0	1	0	a	b	c	d
	0	0	0	0	1	a	b	c	d	×	×	×	×		0	1	1	a	b	c	d
	0	0	0	1	a	b	c	d	×	×	×	×	×		1	0	0	a	b	c	d
	0	0	1	a	b	c	d	×	×	×	×	×	×		1	0	1	a	b	c	d
	0	1	a	b	c	d	×	×	×	×	×	×	×		1	1	0	a	b	c	d
	1	a	b	c	d	×	×	×	×	×	×	×	×		1	1	1	a	b	c	d

8位编码由三部分组成:极性码(0:负极性信号;1:正极性信号)、段落码(表示信号处于那段折线上)、电平码(表示段内16级均匀量化电平值)。

μ律的扩张特性方程为

$$F^{-1}(y) = \text{sgn}(y)(1/\mu)\left[(1+\mu)^{|y|} - 1\right] \quad -1 \leqslant y \leqslant 1$$

μ律扩张编码表见表23-2。

表 23-2

压缩编码							二进制输出值												
代码			级别																
bit: 6	5	4	3	2	1	0	bit: 12	11	10	9	8	7	6	5	4	3	2	1	0
0	0	0	a	b	c	d	0	0	0	0	0	0	1	a	b	c	d	1	
0	0	1	a	b	c	d	0	0	0	0	0	1	a	b	c	d	1	0	
0	1	0	a	b	c	d	0	0	0	0	1	a	b	c	d	1	0	0	
0	1	1	a	b	c	d	0	0	0	1	a	b	c	d	1	0	0	0	
1	0	0	a	b	c	d	0	0	1	a	b	c	d	1	0	0	0	0	
1	0	1	a	b	c	d	0	1	a	b	c	d	1	0	0	0	0	0	
1	1	0	a	b	c	d	1	a	b	c	d	1	0	0	0	0	0	0	
1	1	1	a	b	c	d													

A律的压缩特性方程为

$$F(x) = \begin{cases} \text{sgn}(x)A|x|/(1+\ln A), & 0 \leqslant |x| \leqslant 1/A \\ \text{sgn}(x)(1+\ln A|x|)/(1+\ln A), & 1/A \leqslant |x| \leqslant 1 \end{cases}$$

式中 $A = 87.6$

压缩特性曲线见图23-3。

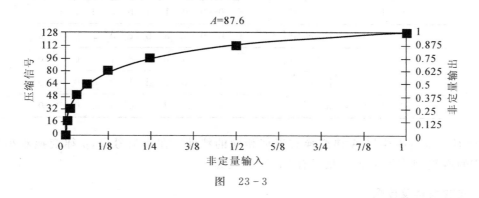

图 23-3

经过压缩的采样信号,按8位二进制进行编码,编码表见表23-3。

表 23－3

输入值													压缩编码							
														代码			级别			
bit：11	10	9	8	7	6	5	4	3	2	1	0		bit：6	5	4	3	2	1	0
0	0	0	0	0	0	0	a	b	c	d	×		0	0	0	a	b	c	d
0	0	0	0	0	0	1	a	b	c	d	×		0	0	1	a	b	c	d
0	0	0	0	0	1	a	b	c	d	×	×		0	1	0	a	b	c	d
0	0	0	0	1	a	b	c	d	×	×	×		0	1	1	a	b	c	d
0	0	0	1	a	b	c	d	×	×	×	×		1	0	0	a	b	c	d
0	0	1	a	b	c	d	×	×	×	×	×		1	0	1	a	b	c	d
0	1	a	b	c	d	×	×	×	×	×	×		1	1	0	a	b	c	d
1	a	b	c	d	×	×	×	×	×	×	×		1	1	1	a	b	c	d

A 律 8 位编码组成意义和 μ 律相同。

A 律的扩张特性方程为

$$F^{-1} = \begin{cases} \mathrm{sgn}(y)\ |\ y\ |\ [1+ln(A)]A, & 0 \leqslant |\ y\ | \leqslant 1/(1+ln(A)) \\ \mathrm{sgn}(y)\mathrm{e}^{(|y|[1+ln(A)]-1)}/[A+Aln(A)], & 1/(1+ln(A)) \leqslant |\ y\ | \leqslant 1 \end{cases}$$

A 律的扩张码表为见表 23－4。

表 23－4

压缩编码							二进制输出值											
代码			级别															
0	0	0	a	b	c	d	0	0	0	0	0	0	0	a	b	c	d	1
0	0	1	a	b	c	d	0	0	0	0	0	0	1	a	b	c	d	1
0	1	0	a	b	c	d	0	0	0	0	0	1	a	b	c	d	1	0
0	1	1	a	b	c	d	0	0	0	0	1	a	b	c	d	1	0	0
1	0	0	a	b	c	d	0	0	0	1	a	b	c	d	1	0	0	0
1	0	1	a	b	c	d	0	0	1	a	b	c	d	1	0	0	0	0
1	1	0	a	b	c	d	0	1	a	b	c	d	1	0	0	0	0	0
1	1	1	a	b	c	d	1	a	b	c	d	1	0	0	0	0	0	0

μ 律对数压缩特性与 A 律变换有近似相同的特性。在小信号段，μ 律变换对小信号有 33.5 dB 的增益，A 律变换对小信号有 24 dB 的增益。

五、实验内容及步骤

1. 实验步骤

(1)熟悉 μ 律与 A 律的基本原理和规范。

(2)阅读实验提供的程序。

(3)运行样例程序,观察 μ 律编码和解码过程。

(4)填写实验报告。

2.样例程序实验操作说明

(1)实验前准备。

1)利用自备的音频信号源,或把计算机当成音源,从实验箱的"语音单元"的音频接口"麦克输入"输入音频信号,进行 A/D 采集;

2)语音处理算法;

3)输出音频信号(可以用示波器观察,也可以经过语音放大电路驱动板载扬声器)实现语音信号的回放;

4)具体的硬件接口连线参见样例程序实验操作说明;

5)运行 CCS 软件,加载示范程序,运行程序,扬声器有声音输出;

6)写实验报告;

7)样例程序实验操作说明。

"语音接口"模块小板的拨码开关设置:

SW1 拨码开关见表 23-5。

表 23-5

状 态	备 注
1	ON
2	OFF
3	ON
4	ON

SW2 拨码开关见表 23-6。

表 23-6

状 态	备 注
1	ON
2	ON
3	ON
4	空脚

注:SW1,SW2 拨码开关是插在语音接口上的小板的拨码开关。

语音芯片 AIC23 的配置:用音频对录线,连接实验箱与外部音频源。

(2)实验。

1)启动 CCS 3.3,用 Project→Open 打开"Algorithm"目录中"exp07_ulaw"子目录下的"G711_Mu_law.pjt"工程文件;双击该工程文件及"Source"可查看源程序;加载"G711_Mu_law.out";单击"Run"运行程序,可以听到实验箱有连续音频信号传出,见图 23-4。

2)若观察输入音频信号波形、压缩信号波形以及解压的音频信号波形,在程序中加个断点,运行到断点处,可用 View→Graph→Time→Frequency 打开一个图形观察窗口;观察压缩信号波形;观察数组变量为 Package,长度为 128,类型为 16 位整型,见图 23-5。

图　23-4

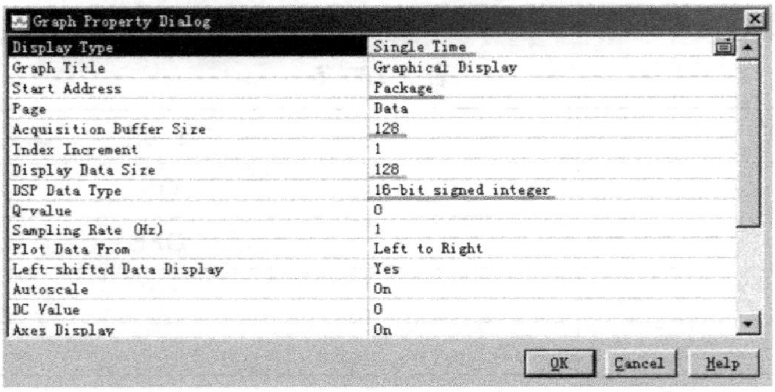

图　23-5

3)调整图形观察窗口,观察各波形,见图 23-6。

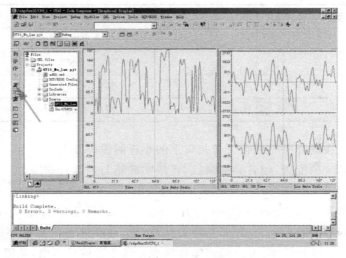

图　23-6

4)可以不断运行程序及暂停程序运行,来检测实时处理效果和观察处理波形;当运行程序时,可以听到连续的音频信号;当暂停程序时,可以在图形观察窗口观察输入音频信号波形、压缩信号波形以及解压信号波形。这里需要说明的是,所观察的信号波形为暂停时刻止,前128个采样信号的输入音频波形、压缩信号波形以及解压信号波形。

5)关闭工程文件,关闭各窗口,实验结束。

六、实验说明

用54XDSP芯片实现 μ 律编码的算法公式为

$$\mu\text{-code}' = \text{FF}_{16} - \text{AH} * \text{FF80}_{16} - 180_{16} + (T|_{\text{EXP}}) * 16 - ([(|\text{int}| + 33) \ll T|_{\text{EXP}}] \gg 26)$$

假设量化后的采样值存入累加 A 的高位 AH 中,计算得到的编码是补码形式,存放在累加器 B 的低 7 位。μ 律解码的算法公式为

$$\text{INTNUM} = [(2 * \mu - \text{step} + 33) * 2^{\mu - \text{chd}} - 33] * \text{sgn}(\mu - \text{sgn}) =$$
$$[(2 * \mu - \text{step} + 33) \ll \mu - \text{chd} - 33] * \text{sgn}(\mu - \text{sgn})$$

最终解码结果存放在 B 累加器的[31:16]位。

A 律编码的算法公式为

$$\text{acode} * = \text{acode XOR} 55_{16}$$
$$\text{acode} = (\text{int} \gg 6) \& 80_{16} + 1\text{F0}_{16} - (T|_{\text{EXP}}) * 16 + |\text{int}| \ll T|_{\text{EXP}}$$

最终编码结果存放在累加器 A 的低 8 位。A 律解码的算法公式为

$$\text{INTNUM} = [(2 * \text{astep} + 33) * 2^{\text{achd}} - 32 * \delta(\text{achd})] * \text{sgn}(\text{asgn}) =$$
$$[(2 * \text{astep} + 33) \ll \text{achd} - 32 * \delta(\text{achd})] * \text{sgn}(\text{asgn})$$
$$\delta(\text{achd}) = 1 \qquad \text{achd} = 0$$
$$= 0 \qquad \text{achd} \neq 0$$

实验二十四　语音编码/解码(G711 编码/解码器)

一、实验目的

1. 了解语音处理的一般过程
2. 对通用的 G771 编码/解码,能理解其实现方式

二、实验要求

认真阅读实验内容,严格按照实验步骤进行,在断电情况下正确连接各模块。了解语音编码/解码的基本概念,熟悉实现语音编码/解码相应的算法,通过分析程序,掌握 DSP 芯片实现语音编码/解码的基本方法。爱护仪器,写出实验报告。

三、实验设备

1. 计算机
2. CCS 3.3 软件
3. 实验箱
4. DSP 仿真器
5. 音频线,音源

四、实验原理

1. PCM 的编码规律
2. A-律的定义与格式

五、实验内容及步骤

1. 实验步骤

(1)熟悉基本原理。

(2)阅读实验提供的程序。

(3)运行 CCS,观察 PCM 码的编码、解码过程。

(4)填写实验报告。

2. 样例程序实验操作说明

(1)实验前准备。

1)利用自备的音频信号源,或把计算机当成音源,从实验箱的"语音单元"的音频接口"麦克输入"输入音频信号,进行 A/D 采集;

2)语音处理算法;

3)输出音频信号(可以用示波器观察,也可以经过语音放大电路驱动板载扬声器)实现语

音信号的回放；

4)具体的硬件接口连线参见样例程序实验操作说明；

5)运行 CCS 软件,加载示范程序,运行程序,扬声器有声音输出；

6)写实验报告；

7)样例程序实验操作说明。

"语音接口"模块小板的拨码开关设置。

SW1 拨码开关见表 24-1。

表　24-1

状　态	备　注
1	ON
2	OFF
3	ON
4	ON

SW2 拨码开关见表 24-2。

表　24-2

状　态	备　注
1	ON
2	ON
3	ON
4	空脚

注:SW1,SW2 拨码开关是插在语音接口上的小板的拨码开关。

语音芯片 AIC23 的配置:用音频对录线,连接实验箱与外部音频源。

(2)实验。

1)启动 CCS 3.3,用 Project→Open 打开"Algorithm"目录中"exp08_alaw"子目录下的"G711_A_Law.pjt"工程文件;双击"G711_A_Law.pjt"及"Source"可查看源程序;加载"G711_A_Law.pjt";检查主程序中,"Length"应被定义为 128,若不是,更改为 128,"Rebuild All"、并重新加载;在主程序最后,i++处设置断点;单击"Run"运行程序,程序运行到断点处停止,见图 24-1。

2)用 View→Graph→Time→Frequency 打开三个图形观察窗口,分别观察变量 Input(输入信号)、Package(编码)及 Output(解码)的波形,长度为 128,数值类型为 16 位整型,见图 24-2,图 24-3。

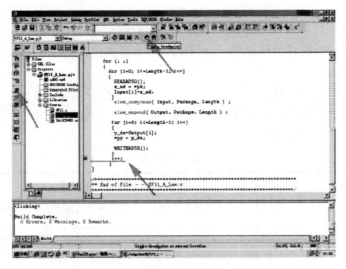

图　24 - 1

Graph Property Dialog		
Display Type	Dual Time	
Graph Title	Graphical Display	
Interleaved Data Sources	No	
Start Address - upper display	Input	
Start Address - lower display	Output	
Page	Data	
Acquisition Buffer Size	128	
Index Increment	1	
Display Data Size	128	
DSP Data Type	16-bit signed integer	
Q-value	0	
Sampling Rate (Hz)	1	
Plot Data From	Left to Right	
Left-shifted Data Display	Yes	
Autoscale	On	

图　24 - 2

Graph Property Dialog		
Display Type	Single Time	
Graph Title	Graphical Display	
Start Address	Package	
Page	Data	
Acquisition Buffer Size	128	
Index Increment	1	
Display Data Size	128	
DSP Data Type	16-bit signed integer	
Q-value	0	
Sampling Rate (Hz)	1	
Plot Data From	Left to Right	
Left-shifted Data Display	Yes	
Autoscale	On	
DC Value	0	
Axes Display	On	

图　24 - 3

3)调整窗口,"Animate"运行程序,观察输入波形、编码及解码波形的变化情况,见图24-4。

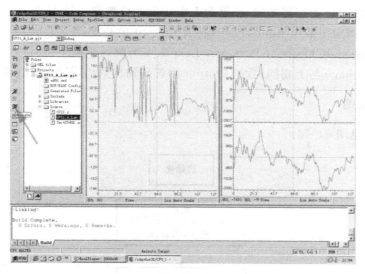

图　24-4

4)单击"Halt"停止程序运行,对音频信号进行实时压扩处理;去掉断点,在主程序的开始处,将"Length"的定义改为1,"Rebuild All"并重新加载,单击"Run",可以听到解码后的音频输出信号,见图24-5。

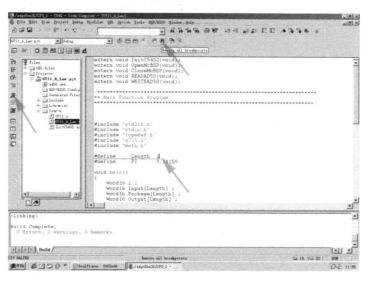

图　24-5

5)关闭工程文件,关闭个窗口,实验结束。

六、程序说明

G711.c程序包含以下子程序:

viod alaw_compress(Input，Package，Length) 为编码子程序；

数组 Input 为输入变量，长度为 Length，16 位整型；

数组 Package 为编码数组，长度为 Length，16 位整型；

Length 规定了数组 Input，Package 及 Output 的长度；

viod alaw_expand(Output，Package，Length) 为解码子程序；

数组 Package 与上相同；数组 Output 为解码输出数组，长度 Length 为 16 位整型。

七、程序流程图

程序流程图见图 24 - 6。

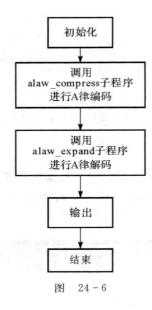

图　24 - 6

实验二十五　A/D 采样 FFT 分析实验

一、实验目的

1. 加深对 DFT 算法原理和基本性质的理解
2. 熟悉 FFT 算法原理和 FFT 子程序的应用
3. 学习用 FFT 对连续信号和时域信号进行谱分析的方法,了解可能出现的分析误差及其原因,以便在实际中正确应用 FFT

二、实验要求

认真阅读实验内容,严格按照实验步骤进行,在断电情况下正确连接各模块。了解熟悉信号处理过程谱分析的基本概念,熟悉 FFT 对连续信号和时域信号进行谱分析的方法,并利用 DSP 程序实现。爱护仪器,写出实验报告。

三、实验设备

1. 计算机
2. CCS 3.3 版软件
3. 实验箱
4. DSP 仿真器

四、基本原理

(1)离散傅里叶变换 DFT 的定义:将时域的采样变换成频域的周期性离散函数,频域的采样也可以变换成时域的周期性离散函数,这样的变换称为离散傅里叶变换,简称 DFT。

(2)FFT 是 DFT 的一种快速算法,将 DFT 的 N^2 步运算减少为$(N/2)\log_2 N$ 步,极大地提高了运算的速度。

(3)旋转因子的变化规律。

(4)蝶形运算规律。

(5)基 2 FFT 算法。

五、实验内容及步骤

1. 实验步骤

(1)复习 DFT 的定义、性质和用 DFT 作谱分析的有关内容。

(2)复习 FFT 算法原理与编程思想,并对照 DFT - FFT 运算流程图和程序框图,了解本实验提供的 FFT 子程序。

(3)阅读本实验所提供的样例子程序。

（4）运行 CCS 软件，对样例程序进行跟踪，分析结果，记录必要的参数。

（5）填写实验报告。

2. 样例程序实验操作说明

（1）实验前准备。

1）正确完成计算机、DSP 仿真器和实验箱连接后，系统上电；

2）设置下列拨码开关，其他开关按缺省设置：

JP3 拨码开关见表 25-1。

表 25-1

码　位	备　注
1	OFF
2	OFF
3	ON
4	OFF
5	OFF
6	ON

SW2 拨码开关见表 25-2。

表 25-2

SW2				备　注
1	2	3	4	码位
OFF	OFF	OFF	OFF	使用默认中断分配

S23 拨码开关见表 25-3。

表 25-3

码　位	备　注
1	ON

3）置拨码开关 S23 的 1 到 OFF，用示波器分别观测模拟信号源单元的 2 号孔"信号源 1"和"信号源 2"输出的模拟信号，分别调节信号波形选择、信号频率、信号输出幅值等旋钮，直至满意，置拨码开关 S23 的 1 到 ON，两信号混频输出。

本样例实验程序建议：①采用两路正弦波信号的混叠信号作为输入信号；②低频正弦波信号：幅值 5 V，频率小于 20 kHz；③高频正弦波信号：幅值 2.5 V，频率大于 70 kHz；④可在 2 号孔"信号源 1"点用示波器观察混叠信号。

4）用导线连接"信号源"2 号孔"信号源 1"和"A/D 单元"2 号孔"ADIN1"。

（2）实验。

1）启动 CCS 3.3，用 Project→Open 打开"Algorithm"目录中"Exp9_adfft"子目录下"Exp

– FFT – AD. pjt"工程文件；双击"Exp – FFT – AD. pjt"及"Source"可查看各源程序；加载
"Exp – FFT – AD. out"；在主程序中，在 flag = 0 处设置断点；单击"Run"运行程序，程序将运
行至断点处停止，见图 25 – 1。

图　25 – 1

2）用 View→Graph→Time→Frequency 打开一个图形观察窗口；设置该观察图形窗口变
量及参数；采用双踪观察起始地址分别为 x 和 mo，长度为 128 单元中数值的变化，数值类型为
32 位浮点型，这两个数组分别存放的是经 AD7822 转换的混叠信号（信号源单元产生）和对该
信号进行 FFT 变换的结果，见图 25 – 2。

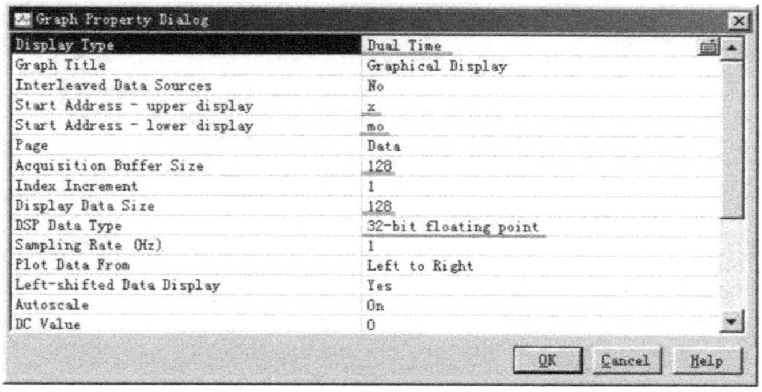

图　25 – 2

3）单击"Animate"或按 F10 运行程序；调整观察窗口并观察输入信号波形及其 FFT 变换
结果；调节信号源单元中两路信号的波形选择调节、频率调节、幅值调节，观察混叠信号以及其
FFT 变换结果如何变化，见图 25 – 3。

4）单击"Halt"暂停程序运行，关闭窗口，本实验结束。

实验结果：在 CCS 3.3 环境，同步观察混叠信号波形及其 FFT 变换结果。

六、程序参数说明

void kfft(pr,pi,n,k,fr,fi,l,il)：基 2 快速傅里叶变换子程序，n 为变换点数，应满足 2 的整数次幂，k 为幂次（正整数）；

数组 x：输入信号数组，A/D 转换数据转为浮点型后，生成 x 数组，长度为 128；

数组 mo：FFT 变换数组，长度为 128，浮点型。

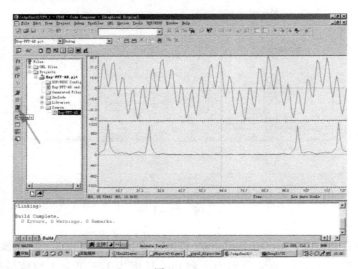

图　25 - 3

附录 MOS-620 双踪示波器的使用

一、概述

带宽是示波器最重要的指标之一,模拟示波器的带宽是一个固定的值,MOS-640双踪示波器可达到20 MHz,最大灵敏度为1 mV/div,最大扫描速度0.2 μs/div,并可扩展10倍使扫描速度达到20 ns/div。该示波器采用6 in(1 in=2.54 cm)并带有红色刻度的矩形CRT,操作简单,稳定可靠。

二、注意事项

(1)该示波器工作在AC110V/220V的电网中。在接通电源前先检查电压选择开关是否设定在与当地电网一致的位置,错接电源可损坏示波器。

(2)为了避免永久性损坏CRT内的磁光质涂层,请不要将CRT的轨迹设在极亮的位置或把光点停留不必要长的时间。

(3)如果一个AC电压叠加在DC电压之上,CH1和CH2输入的最大峰值电压不得超过300 V,所以对于一个平均值为零的AC电压,它的峰峰值是600 V。

三、面板描述

(一)前面板介绍(见附图1)

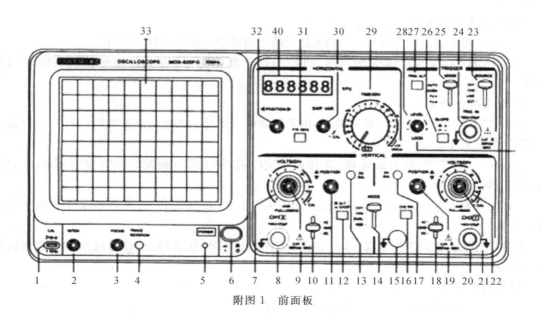

附图1 前面板

下面按功能模块具体介绍每个按钮的功能。

1. 示波管操作部分

2—"INTEN",亮度调节钮:调节轨迹或亮点的亮度。

3—"FOCUS",聚焦调节钮:调节轨迹或亮点的聚焦。

4—"TRACE ROTATION",轨迹旋转:半固定的电位器用来调整水平轨迹与刻度线的平行。

6—"POWER",电源:主电源开关,当此开关开启时发光二极管 5 发亮。

33—显示屏:使波形看起来更加清晰。

2. 垂直轴操作部分

8—"CH1X",CH1(X)输入:在 X - Y 模式下,作为 X 轴的输入端。

10,19—"AC - GND - DC",AC - GND - DC,选择垂直轴输入信号的输入方式。AC:交流耦合;GND:垂直放大器的输入接地,输入端断开;DC:直流耦合。

20—"CH2Y",CH2(Y)输入:在 X - Y 模式下,作为 Y 轴的输入端。

7,22—"VOLTS/DIV",垂直衰减开关:调节垂直偏转灵敏度从 5mV/div ~ 5V/div 分 10 档。

9,21—"VAR",垂直微调:微调灵敏度大于或等于 1/2.5 标示值,在校正位置时,灵敏度校正为标示值。当该旋钮拉出后(×5MAG 状态)放大器的灵敏度乘以 5。

11,18—"POSITION",▲▼垂直位移:调节光迹在屏幕上的垂直位置;

12—"ALT/CHOP",交替/断续选择按钮:在双踪显示时,放开此键,表示通道 1 与通道 2 交替显示(通常用在扫描速度较快的情况下);当按下此键时,通道 1 与通道 2 同时断续显示(通常用于扫描速度较慢的情况下)。

13,15—"DC BAL",CH1 和 CH2 的 DC BAL:这两个用于衰减器的平衡调试。

14—"VERTICAL MODE",垂直系统工作模式开关:选择 CH1 和 CH2 放大器的工作模式。

CH1 或 CH2:通道 1 或通道 2 的单独显示。

DUAL:两个通道同时显示。ADD:显示两个通道的代数和 CH1+CH2。

16—"CH2 INV",通道 2 的信号反向:当按下此键时,通道 2 的信号的触发信号同时反向。

3. 触发操作部分

23—"TRIG IN",外触发输入端子:用于外部触发信号。当使用该功能时,开关 24 应设置在 EXT 的位置上。

24—"SOURCE",触发源选择:选择内(INT)或外(EXT)触发。INT 包含 CH1,CH2,LINE 三种选择方式。

CH1:当垂直方式选择开关 14 设定在 DUAL 或 ADD 状态时,选择通道 1 作为内部触发的信号源。

CH2:当垂直方式选择开关 14 设定在 DUAL 或 ADD 状态时,选择通道 2 作为内部触发的信号源。

LINE:选择交流电源作为触发信号。

EXT:外部触发信号接于 23 作为触发信号源。

25—"TRIGGER MODE",触发方式:选择触发方式。

AUTO:自动,当没有触发信号输入时扫描在自由模式下。

NORM:常态,当没有触发信号时,踪迹处在待命状态并不显示。

TV—V:电视场,当想要观察一场的电视信号时。

TV—H:电视行,当想要观察一行的电视信号时。

(仅当同步信号为负脉冲时,方可同步电视场合电视行)。

26—"SLOPE",触发极性选择按钮:触发信号的极性选择。"+"上升沿触发,"—"下降沿触发。

27—"LEVEL"触发电平:显示一个同步稳定的波形,并设定一个波形的起始点。向"+"旋转触发电平向上移,向"—"旋转触发电平向下移。

28—"TRIG ALT":当垂直系统工作模式开关14设定在DUAL或ADD,且触发源选择开关24选CH1或CH2时,按下此键,示波器会交替选择CH1和CH2作为内部触发信号源。

4.水平轴操作部分

29—"TIME/DIV",水平扫描速度开关:扫描速度可分20挡,从0.2us/div到0.5s/div。当设置到X—Y位置时可用作X—Y示波器。

30—"SWP AVR",水平微调:微调水平扫描时间,使扫描时间被校正到与面板上YIME/DIV指示的一致。YIME/DIV扫描速度可连续变化,当反时针转到底为校正位置。整个延时可达到2.5倍甚至更多。

31—"×10 MAG",扫描扩展开关:按下扫描速度扩展10倍。

32—"POSITION",水平位移:调节光迹在屏幕上的水平位置。

5.其他操作部分

1—"CAL":提供幅度为2 Vpp,频率1 kHz的方波信号,用于校正10:1探头的补偿电容器和检测示波器垂直与水平的偏转因数。

16—"GND":示波器机箱的接地端子。

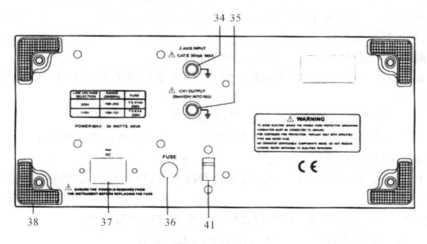

附图2　后面板

(二)后面板介绍(见附图 2)

34—"Z−AXIS INPUT"(Z 轴输入):外部亮度调制信号输入端。

35—"CH1 OUTPUT":提供通道 1 信号去 50 欧的终端,适合外接频率计或其他仪器。

36—"AC":交流电源插座。

37—"FUSE":保险丝。

四、操作方法

1. 单通道操作

接通电源前务必先检查电压是否与当地电网一致,然后将有关控制元件按附表 1 设置。

附表 1

功 能	设 置	功 能	设 置
电源(POWER)	关	AC − GND − DC	GND
亮度(INTEN)	居中	触发源(SOURCE)	通道 1
聚焦(FOCUS)	居中	极性(SLOPE)	+
垂直方式(VERT MODE)	通道 1	触发交替(TRIG. ALT)	释放
交替/断续(ALT/CHOP)	释放(ALT)	触发方式(MODE)	自动
通道 2 反向(CH2 INV)	释放	扫描时间(TIME/DIV)	0.5 ms/div
垂直位置(▲▼ POSITION)	居中	微调(SWP. VER)	校正位置
垂直衰减(VOLTS/DIV)	0.5 V/div	水平位置(POSITION)	居中
调节(VARIABLE)	CAL(校正)	扫描扩展(X10 MAG)	释放

将开关和控制部分按以上设置后,接上电源线,继续操作。

(1)电源接通,电源指示灯亮约 20 s 后,屏幕出现光迹。如果 60 s 后还没有出现,反回头再检查开关和控制旋钮的设置。

(2)分别调节亮度,聚焦,使光迹亮度适中、清晰。

(3)调节通道 1 位移旋钮与轨迹旋转电位器,使光迹与水平刻度平行(用螺丝刀调节轨迹旋转电位器 4)。

(4)用 10∶1 探头将校正信号输入至 CH1 输入端。

(5)将 AC − GND − DC 开关设置在 AC 状态。一个方波将出现在屏幕上。

(6)调整聚焦使图形清晰。

(7)对于其他信号的观察,可通过调整垂直衰减开关,扫描时间到所需的位置,从而得到清晰的图形。

(8)调整垂直和水平位移旋钮,使得波形的幅度与时间容易读出。

以上为示波器最基本的操作,通道 2 与通道 1 的操作相同。

2. 双通道的操作

改变垂直方式到 DUAI 状态,于是通道 2 的光迹也会出现在屏幕上。这时通道 1 显示一个方波,而通道 2 则仅显示一条直线,因为没有信号接到该通道。现在将校正信号接到 CH2

的输入端与 CH1 一致,将 AC－GND－DC 开关设置到 AC 状态,调整垂直位置 POSITION。释放 ALT/CHOP 开关(置于 ALT 方式)。CH1 和 CH2 的信号交替地显示到屏幕上,此设定用于观察扫描时间较短的两路信号。按下 ALT/CHOP 开关,(置于 CHOP 方式),CH1 与 CH2 的信号以 250 kHz 的速度独立地显示在屏幕上,此设定用于观察扫描时间较长的两路信号。在进行双通道操作时(DAUL 或加减方式),必须通过触发信号源的开关来选择通道 1 或通道 2 的信号作为触发信号。如果 CH1 与 CH2 的信号同步,则两个波形都会稳定显示出来。反之,则仅有触发信号源的信号可以稳定地显示出来;如果按下 TRIG/ALT 开关,则两个波形都会同时稳定地显示出来。

3.加减操作

通过设置"垂直方式开关"到"加"的状态,可以显示 CH1 与 CH2 信号的代数和。如果 CH2 INV 开关被按下则为代数减。为了得到加减的精确值,两个通道的衰减设置必须一致。垂直位置可以通过"▲▼位置键"来调整。鉴于垂直放大器的线性变化,最好将该旋钮设置在中间位置。

4.触发源的选择

正确地选择触发源对于有效地使用示波器是至关重要的,用户必须十分熟悉触发源的选择功能及其工作次序。

(1)MODE 开关。

AUTO:自动模式,扫描发生器自由产生一个没有触发信号的扫描信号;当有触发信号时,它会自动转换到触发扫描,通常第一次观察一个波形时,将其设置于"AUTO",当一个稳定的波形被观察到以后,再调整其他设置。在其他控制部分设定好以后,通常将开关设回到"NORM"触发方式,因为该方式更加灵敏,当测量直流信号或小信号时必须采用"AUTO"方式。

NORM:常态,通常扫描器保持在静止状态,屏幕上无光迹显示。当触发信号经过由"触发电平开关"设置的阀门电平时,扫描一次。之后扫描器又回到静止状态,直到下一次被触发。在双踪显示"ALT"与"NORM"扫描时,除非通道 1 与通道 2 都有足够的触发电平,否则不会显示。

TV－V:电视场。

TV－H:电视行。

(2)触发信号源功能。

为了在屏幕上显示一个稳定的波形,需要给触发电路提供一个与显示信号在时间上有关连的信号,触发源开关就是用来选择该触发信号的。

CH1:大部分情况下采用内触发模式。

CH2:送到垂直输入端的信号在预放以前分一支到触发电路中。由于触发信号就是测试信号本身,因此显示屏上会出现一个稳定的波形。

在 DAUL 或 ADD 方式下,触发信号由触发源开关来选择。

LINE:用交流电源的频率作为触发信号。这种方法对于测量与电源频率有关的信号十分有效。

EXT:用外来信号驱动扫描触发电路。该外来信号因与要测的信号有一定的时间关系,波形可以更加独立显示出来。

(3)极性开关和触发交替开关。

极性开关 SLOPE："＋"上升沿触发，"－"下降沿触发。

触发交替 ALT/CHOP：在双踪显示时，放开此键，表示通道 1 与通道 2 交替显示；当按下此键时，通道 1 与通道 2 同时断续显示。

(4)扫描扩展 X10 MAG：当需要观察一个波形的一部分时，需要很高的扫描速度。但是如果想要观察的部分远离扫描的起点，则要观察的波形可能已经出到屏幕以外。这时就需要使用扫描扩展开关。当按下扫描扩展开关以后，显示的范围会扩展 10 倍。这时的扫描速度是X1/10。

五、仪器附件

(1)电源线 1 条。

(2)输入电缆线 2 条。

参 考 文 献

［1］ 丁玉美,高西全.数字信号处理［M］.西安:西安电子科技大学出版社,2001.

［2］ 李利.DSP 原理及应用［M］.北京:中国水利水电出版社,2001.

［3］ 张毅刚,赵光权,孙宁,等.TMS320LF240X 系列 DSP 原理、开发与应用［M］.哈尔滨:哈尔滨工业大学出版社,2006.

［4］ 陈金鹰.DSP 技术及应用［M］.北京:机械工业出版社,2004.

［5］ 乔瑞萍,TMS320C54X DSP 原理及应用［M］.西安:西安电子科技大学出版社,2005.

［6］ Texas Instruments Incorporated. TMS320 DSP 算法标准［M］.北京:清华大学出版社,2001.

［7］ 王军宁.TI DSP/BIOS 用户手册与驱动开发［M］.北京:清华大学出版社,2007.

［8］ 国卫东.计算机网络基础及应用［M］.北京:高等教育出版社,2000.

［9］ 马莉.计算机网络技术、集成与应用［M］.北京:北京航空航天大学出版社,2001.

［10］ 吴功宜.计算机网络［M］.北京:清华大学出版社,2003.

［11］ 张会生.现代通信系统原理［M］.北京:高等教育出版社,2004.

［12］ 樊昌信,张甫翊,徐炳祥,等.通信原理［M］.北京:国防工业出版社,2001.

［13］ 曹志刚,钱亚生.现代通信原理［M］.北京:清华大学出版社,1992.

［14］ 范寿康,康广荃,尹磊.DSP 技术与 DSP 芯［M］.北京:电子工业出版社,2007.

［15］ 梁晓雯.TMS320C54X 系列 DSP 的 CPU 与外设［M］.北京:清华大学出版社,2006.